新一代人工智能 2030 全景科普丛书

U0173239

人工智能三驾马车

大数据、算力和算法

张云泉　方　娟　贾海鹏　陈建辉　编著

科学技术文献出版社
SCIENTIFIC AND TECHNICAL DOCUMENTATION PRESS
·北京·

图书在版编目（CIP）数据

人工智能三驾马车：大数据、算力和算法 / 张云泉等编著. —北京：科学技术文献出版社，2021.7

（新一代人工智能2030全景科普丛书/赵志耘总主编）

ISBN 978-7-5189-6505-2

Ⅰ.①人… Ⅱ.①张… Ⅲ.①数据处理 ②云计算 ③机器学习—算法 Ⅳ.①TP274 ②TP393.027 ③TP181

中国版本图书馆 CIP 数据核字（2020）第 037266 号

人工智能三驾马车——大数据、算力和算法

策划编辑：丁芳宇　责任编辑：王　培　责任校对：王瑞瑞　责任出版：张志平

出　版　者	科学技术文献出版社
地　　　址	北京市复兴路15号　邮编　100038
编　务　部	（010）58882938，58882087（传真）
发　行　部	（010）58882868，58882870（传真）
邮　购　部	（010）58882873
官　方　网　址	www.stdp.com.cn
发　行　者	科学技术文献出版社发行　全国各地新华书店经销
印　刷　者	北京时尚印佳彩色印刷有限公司
版　　　次	2021 年 7 月第 1 版　2021 年 7 月第 1 次印刷
开　　　本	710×1000　1/16
字　　　数	207千
印　　　张	15.25
书　　　号	ISBN 978-7-5189-6505-2
定　　　价	68.00元

总　序

　　人工智能是指利用计算机模拟、延伸和扩展人的智能的理论、方法、技术及应用系统。人工智能虽然是计算机科学的一个分支，但它的研究跨越计算机学、脑科学、神经生理学、认知科学、行为科学和数学，以及信息论、控制论和系统论等许多学科领域，具有高度交叉性。此外，人工智能又是一种基础性的技术，具有广泛渗透性。当前，以计算机视觉、机器学习、知识图谱、自然语言处理等为代表的人工智能技术已逐步应用到制造、金融、医疗、交通、安全、智慧城市等领域。未来随着技术不断迭代更新，人工智能应用场景将更为广泛，渗透到经济社会发展的方方面面。

　　人工智能的发展并非一帆风顺。自 1956 年在达特茅斯夏季人工智能研究会议上人工智能概念被首次提出以来，人工智能经历了 20 世纪 50—60 年代和 80 年代两次浪潮期，也经历过 70 年代和 90 年代两次沉寂期。近年来，随着数据爆发式的增长、计算能力的大幅提升及深度学习算法的发展和成熟，当前已经迎来了人工智能概念出现以来的第三个浪潮期。

　　人工智能是新一轮科技革命和产业变革的核心驱动力，将进一步释放历次科技革命和产业变革积蓄的巨大能量，并创造新的强大引擎，重构生产、分配、交换、消费等经济活动各环节，形成从宏观到微观各领域的智能化新需求，催生新技术、新产品、新产业、新业态、新模式。2018 年麦肯锡发布的研究报告显示，到 2030 年，人工智能新增经济规模将达 13 万亿美元，其对全球经济增长的贡献可与其他变革性技术如蒸汽机相媲美。近年来，世界主要发达国家已经把发展人工智能作为提升其国家竞争力、维护国家安全的重要战略，并进行针对性布局，力图在新一轮国际科技竞争中掌握主导权。

德国 2012 年发布十项未来高科技战略计划，以"智能工厂"为重心的工业 4.0 是其中的重要计划之一，包括人工智能、工业机器人、物联网、云计算、大数据、3D 打印等在内的技术得到大力支持。英国 2013 年将"机器人技术及自治化系统"列入了"八项伟大的科技"计划，宣布要力争成为第四次工业革命的全球领导者。美国 2016 年 10 月发布《为人工智能的未来做好准备》《国家人工智能研究与发展战略规划》两份报告，将人工智能上升到国家战略高度，为国家资助的人工智能研究和发展划定策略，确定了美国在人工智能领域的七项长期战略。日本 2017 年制定了人工智能产业化路线图，计划分 3 个阶段推进利用人工智能技术，大幅提高制造业、物流、医疗和护理行业效率。法国 2018 年 3 月公布人工智能发展战略，拟从人才培养、数据开放、资金扶持及伦理建设等方面入手，将法国打造成在人工智能研发方面的世界一流强国。欧盟委员会 2018 年 4 月发布《欧盟人工智能》报告，制订了欧盟人工智能行动计划，提出增强技术与产业能力，为迎接社会经济变革做好准备，确立合适的伦理和法律框架三大目标。

党的十八大以来，习近平总书记把创新摆在国家发展全局的核心位置，高度重视人工智能发展，多次谈及人工智能重要性，为人工智能如何赋能新时代指明方向。2016 年 8 月，国务院印发《"十三五"国家科技创新规划》，明确人工智能作为发展新一代信息技术的主要方向。2017 年 7 月，国务院发布《新一代人工智能发展规划》，从基础研究、技术研发、应用推广、产业发展、基础设施体系建设等方面提出了六大重点任务，目标是到 2030 年使中国成为世界主要人工智能创新中心。截至 2018 年年底，全国超过 20 个省市发布了 30 余项人工智能的专项指导意见和扶持政策。

当前，我国人工智能正迎来史上最好的发展时期，技术创新日益活跃、产业规模逐步壮大、应用领域不断拓展。在技术研发方面，深度学习算法日益精进，智能芯片、语音识别、计算机视觉等部分领域走在世界前列。2017—2018 年，中国在人工智能领域的专利总数连续两年超过了美国和日本。在产业发展方面，截至 2018 年上半年，国内人工智能企业总数达 1040 家，位居世界第二，在智能芯片、计算机视觉、自动驾驶等领域，涌现了寒武纪、旷视等一批独角兽企业。在应用领域方面，伴随着算法、算力的不断演进和提升，越来越多的产品和应用落地，比较典型的产品有语音交互类产品（如智能音箱、智能语音助理、智能车载系统等）、智能机器人、无人机、无人驾驶汽车等。人工智能的应用范围则更加广泛，目前已经在制造、医疗、金融、教育、安防、商业、智能家居等多个垂直领域得到应用。总体来说，目前我国在开发各种人工智能应用方面发展非常迅速，但在基础研究、原创成果、顶尖人才、技术生态、基础平台、标准规范等方面，距离世界领先水平还存在明显差距。

1956 年，在美国达特茅斯会议上首次提出人工智能的概念时，互联网还没有诞生；今天，新一轮科技革命和产业变革方兴未艾，大数据、物联网、深度学习等词汇已为公众所熟知。未来，人工智能将对世界带来颠覆性的变化，它不再是科幻小说里令人惊叹的场景，也不再是新闻媒体上"耸人听闻"的头条，而是实实在在地来到我们身边：它为我们处理高危险、高重复性和高精度的工作，为我们做饭、驾驶、看病，陪我们聊天，甚至帮助我们突破空间、表象、时间的局限，见所未见，赋予我们新的能力……

这一切，既让我们兴奋和充满期待，同时又有些担忧、不安乃至惶恐。就业替代、安全威胁、数据隐私、算法歧视……人工智能的发展和大规模应用也会带来一系列已知和未知的挑战。但不管怎样，人工智能的开始按钮已经按下，而且将永不停止。管理学大师彼得·德鲁克说："预测未来最好的方式就是创造未来。"别人等风来，我们造风起。只要我们不忘初心，为了人工智能终将创造的所有美好全力奔跑，相信在不远的未来，人工智能将不再是以太网中跃动的字节和 CPU 中孱弱的灵魂，它就在我们身边，就在我们眼前。"遇见你，便是遇见了美好。"

新一代人工智能 2030 全景科普丛书力图向我们展现 30 年后智能时代人类生产生活的广阔画卷，它描绘了来自未来的智能农业、制造、能源、汽车、物流、交通、家居、教育、商务、金融、健康、安防、政务、法庭、环保等令人叹为观止的经济、社会场景，以及无所不在的智能机器人和伸手可及的智能基础设施。同时，我们还能通过这套丛书了解人工智能发展所带来的法律法规、伦理规范的挑战及应对举措。

　　本丛书能及时和广大读者、同人见面，应该说是集众人智慧。他们主要是本丛书作者、为本丛书提供研究成果资料的专家，以及许多业内人士。在此对他们的辛苦和付出一并表示衷心的感谢！最后，由于时间、精力有限，丛书中定有一些不当之处，敬请读者批评指正！

赵志耘

2019 年 8 月 29 日

前　言

1956 年，达特茅斯会议的召开及"人工智能"概念的首次提出，标志着人工智能的诞生。之后 10 余年，人工智能迎来了发展史上的第一个小高峰，相继取得了如工业机器人和聊天机器人等一批令人瞩目的研究成果。但由于计算机有限的内存和处理性能不足以解决实际的人工智能问题，整个人工智能领域都遭遇了"瓶颈"，人工智能发展进入了消沉期。1980 年，第一届机器学习国际研讨会在卡内基梅隆大学召开，标志着机器学习在全世界的兴起。随后出现的神经网络反向传播算法，更是加速了神经网络的研究进程，各种专家系统被人们广泛应用。但随着专家系统的应用领域越来越广，问题也逐渐暴露出来，专家系统应用有限，且经常在常识性问题上出错，人工智能迎来了第二个寒冬。1997 年，IBM 的超级计算机 "深蓝"战胜了当时的国际象棋世界冠军，成为人工智能史上的一个重要里程碑，人工智能开始了平稳向上的发展。以 2006 年加拿大多伦多大学 Geoffrey Hinton 教授提出深度学习神经网络为标志，人工智能进入了新的快速发展阶段。

在新时期的人工智能发展中，大数据、算力、算法并称为推动人工智能发展的三驾马车：其中大数据是人工智能发展的基础，为人工智能发展提供了源源不断的数据资源；算力是人工智能发展的平台，为人工智能技术的实现提供了坚实保障；算法是人工智能发展的内在推动力，为人工智能带来了相应的实现手段。大数据、算力、算法共同推动人工智能不断向前发展，缺一不可。

本书从人工智能的定义入手，阐述了人工智能的概念、发展历程、研究目标、应用场景及人工智能带来的机遇和挑战。从第二章开始详细阐述人工智能发展的核心要素：大数据、云计算和深度学习，论证了这三大要素对人工智能发展的影响。通过阅读本书，读者不仅能够学习人工智能涉及的各方面知识，而且能够深入学习人工智能的关键技术。我们也希望读者通过阅读本书，能够将人工智能技术和实际应用场景结合起来，实现人工智能的落地应用，共同创建一个智能的时代。

在此，特别感谢侯鑫、聂子轩、叶志远、张梦媛、毛允飞、蔡华毅、史佳眉、滕自怡等同学的大力协助，他们在本书初稿撰写中协助完成了部分工作。

目　录

第一章

人工智能及其应用

　　要说如今什么最火，毫无疑问人工智能可以占据一席之地。人工智能（Artificial Intelligence）简称为 AI，是 20 世纪 50 年代中期兴起的一门边缘学科，是用于模拟、延伸和扩展人的智能的理论、方法、技术及应用系统的一门新的技术科学[1]。电影《星球大战》宇宙中的人们早已习惯智能机器人的存在，《终结者》中有给人类带来巨大威胁的战斗机器人……曾经我们总是把人工智能和电影联系在一起，认为它们是虚假的。殊不知，人工智能已经润物细无声地走进我们的日常生活，手机、手表、家居甚至是玩具等，都有着 AI 的身影。但到底什么是人工智能？如何理解人工智能？人工智能研究什么？人工智能的未来会是什么样？面对这些问题，估计很多人都一头雾水。今天就让我们带着这些疑问，一起走近人工智能，看看这个新时代的弄潮儿到底是什么吧！

第一节　人工智能的概念与发展

一、人类智能与人工智能

　　最近几年人工智能发展迅速，在日常生活中的应用不断广泛深入的同时，也不禁引起我们的思考与担忧：人工智能是否正在挑战人类智能的地位？机器是否有一天会取代人类？我们在科学地讨论这个问题之前，首先需要搞清楚两个概念："人类智能"是什么？"人工智能"是什么？人类智能，是一个包罗万象的概念，人类有视觉、听觉、嗅觉、触觉，能交流，会下棋，人类可以通过大脑实现这些功能，这就是人类智能。但是人工智能不同，它是通过不同的算法实现不同的功能，说白了就是人工智能是人类在探索自然世界时对自身智能的简单模仿，这是二者最大的区别 [2]。

　　人工智能目前处于什么阶段呢？并不是人所有的智能计算机都能实现，实现的只是一些简单的功能。目前，人工智能在图像、语音、无人驾驶等领域有着人脑无法比拟的效率，但本质上是因为复现了人脑的视觉、听觉等某些低级功能，借助电子元器件将单一任务的规模和速度做到了极致。然而，对于人类智能的高级功能如创造性、社会性、自主意识、道德判断、感情能力等，人工智能还未能实现。所以，人工智能的智能活动一直是在人类智能主导的前提下进行的，人类将其视为工具并设定其智能活动的范围。因此，现阶段的人工智能只能称为弱人工智能。

二、人工智能的定义

　　尽管人工智能已经广泛应用于我们的日常生活中，但目前还没有统一的定义，仍然是众说纷纭。到底什么是人工智能？为什么说智能搜索引擎、智能助理、机器翻译、机器视觉、自动驾驶等技术都属于人工智能？研究大家对人工智能的定义 [3]，并对其进行分析、讨论不仅是一件相当有趣的事，而且还能帮助我们更加深入地认识人工智能。

　　定义一：人工智能就是让人觉得不可思议的计算机程序。

　　人工智能就是机器可以完成人们认为机器不能胜任的事。其实这个定义非常主观，但在一定程度上反映了一个时代大多数的普通人对人工智能的认知方式，计算机下棋的历史就非常清楚地揭示了这一点。早期，由于运行速度和存储空间的限制，计算机只能用来解决相对简单的棋类博弈问题，如西洋跳棋。1962 年，IBM 的阿瑟·塞缪尔的程序战胜了一位盲人跳棋高手，大家都认为类似的西洋跳棋程序是不折不扣的人工智能。2016 年年初，随着 AlphaGo 以 4 ：1 大胜围棋世界冠军李世石，有关人工智能的热情在全世界蔓延开来，没有人怀疑 AlphaGo 的核心算法是人工智能。

定义二：人工智能就是与人类行为相似的计算机程序。

这是实用主义者对人工智能的定义，他们从不觉得人工智能的实现必须遵循什么规则或理论框架，只要能解决问题就可以。所谓"不管黑猫、白猫，能抓住老鼠就是好猫"。一个典型的例子就是麻省理工学院于 1964—1966 年开发的"智能"聊天程序 ELIZA，这个程序看上去就像一个有无穷耐心的心理医生，可以和无聊的人或需要谈话治疗的精神病人永不停歇地聊下去。其实，ELIZA"心里"只有词表和映射规则，它并不关心用户说的话是什么意思，但没有关系，只要它的最终输出能满足要求，这样的算法就是有用的。

定义三：人工智能就是会学习的计算机程序。

这一定义也符合人类认知的特点，因为没有哪个人是不需要学习，从小就懂得所有事情的。而如今的人工智能系统恰恰也是通过学习大量数据的内部规律完成建模的，可以看成是模拟了人类学习和成长的过程。目前，最火的深度学习算法在看过数百万张或更多自行车的照片后，以自己的认知定义了自行车的特征，因此可以快速辨认出什么是自行车，什么不是自行车。但其实和人类认知还是有一定的区别，如果给一个小孩看一个自行车的样子后，再见到类似的自行车，甚至外观完全不同的自行车，小孩大概率也能认出那是一辆自行车，而并不需要数百万张图片。总体来说，虽然深度学习建模的过程类似于人类学习认知的过程，但其学习水平还远远达不到人类的境界。

定义四：人工智能就是根据对环境的感知，做出合理的行动，并获得最大收益的计算机程序。

基本上，这个定义将前面几种定义都涵盖了进去，既强调人工智能可以感知环境做出主动反应，也强调人工智能所做出的反应必须达到目标，同时，不再强调人工智能对人类思维方式或人类总结的思维法则的模仿。维基百科上对人工智能的定义采用的是斯图亚特·罗素与彼得·诺维格在《人工智能：一种现代的方法》一书中的定义，他们认为：人工智能是有关"智能主体的研究与设计"的学问，而"智能主体是指一个可以观察周遭环境并做出行动以达到目标的系统"。所以，我们认为第四种定义是更为全面和准确的，人工智能就是要研究如何使机器具有能听、能说、能看、会写、能思考、会学习、能适应环境变化、能解决面临的各种实际问题等功能的一门学科。

三、人工智能的发展历程

1956 年的夏天，一场在美国达特茅斯大学召开的学术会议，被认为是全球人工智能研究的起点。2016 年的春天，一场 AlphaGo 与世界顶级围棋高手李世石的人机世纪对战，把人工智能浪潮推上了新高。中国有句古话叫"60 年一轮回"，前 60 年的人工智能历程，可以用"无穷动"来形容，代表了在过去 60 年甚至到更远的古代，人们对于智能机器永无止境的想象及去实践的冲动。但后 60 年的人工智能发展，我们可以用"无穷大"来期许，期待后 60 年智能机器可以自己睁开眼睛看世界，这是我们对人工智能美好的期盼[4]。

人工智能前 60 年的发展，就是在起起伏伏、寒冬与新潮、失望与希望之间的无穷动韵律，寻找着理论与实践的最佳结合点。其中不乏无数牛人牛事，接下来让我们顺着人工智能的发展时间轴，如图 1-1 所示，去感受这一段充满艰辛却硕果累累的历史[5-6]。

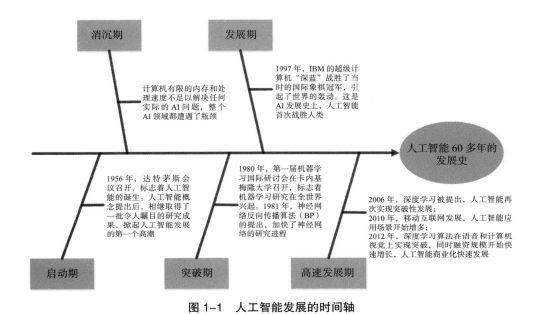

图 1-1 人工智能发展的时间轴

（1）人工智能发展的启动期（20 世纪 30 年代末到 60 年代中期）

人类对人工智能最早的研究可以追溯到 20 世纪 30 年代末到 50 年代初，来自不同领域（数学、经济学、政治学、心理学和工程学）的一批科学家开始探讨人工大脑的可能性。1943 年，沃伦·麦卡洛克和瓦尔特·皮茨首次提出"神经网络"概念，研究发现大脑是由神经元组成的电子网络，其激励电平只存在"有"和"无"两种状态，不存在中间状态。现在大热的"深度学习"，前身是人工神经网络，而其基础就是神经元的数学模型。1950 年，阿兰·图灵发表了一篇划时代的论文，文中预言了创造出具有真正智能的机器的可能性。由于"智能"这一概念难以确切定义，他提出了著名的图灵测试：如果一台机器能够与人类展开对话（通过电传设备）而不能被辨别出其机器身份，那么称这台机器具有智能[7]。这一简化测试使得大家相信"思考的机器"是可能的，直到现在，图灵测试仍然是人工智能的重要测试手段之一（图 1-2）。

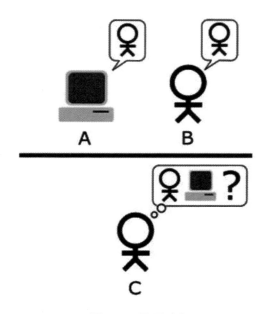

图1-2　图灵测试

1956年夏天，香农和一群年轻的学者在达特茅斯学院召开了一场头脑风暴式研讨会，会议的组织者是马文·闵斯基、约翰·麦卡锡和另外两位资深科学家，他们中的每一位都在AI研究的第一个10年中做出了重大贡献。这是一次具有划时代意义的讨论会，这些年轻的学者讨论的是当时计算机尚未解决，甚至尚未开展研究的问题，包括人工智能、自然语言处理和神经网络等。会上，麦卡锡说服了与会者接受"人工智能"一词作为本领域的名称，同时出现了最早的一批研究者与最初的研究成果，这也是目前AI诞生的一个标志性事件，从此人工智能走上了快速发展的道路。

（2）人工智能发展的消沉期（20世纪60年代中期到70年代末）

从20世纪60年代中到70年代末，人工智能发展初期的突破性进展大大提升了大家对人工智能的期望，人们开始尝试更具挑战性的任务，并提出了一些不切实际的研发目标。然而，接二连三的失败和预期目标的落空，使人们逐渐丧失了信心。虽然温斯顿的结构学习系统和海斯·罗思等基于逻辑的归纳学习系统取得较大的进展，但只能学习单一概念的致命缺陷，阻碍了将其投入实际应用的脚步。这个时候机器学习的发展步伐几乎处于停滞状态。此外，神经网络的学习也因理论缺陷未能达到预期效果而转入低潮。

事实上，这个时期整个 AI 领域都遭遇了瓶颈。以《莱特希尔报告》的推出为代表，其象征着人工智能正式进入寒冬。各国政府勒令大规模削减人工智能方面的投入，再加上当时计算机有限的内存和处理速度不足以解决任何实际的 AI 问题，这之后的 10 年间，人工智能鲜有被人提起。

(3) 人工智能发展的突破期 (20 世纪 70 年代末到 80 年代中期)

经历了数年的沉寂之后，伴随着"专家系统"的横空出世和神经网络的复燃，人工智能蓄力再度启程，重新成为热点。20 世纪 70 年代出现的专家系统模拟人类专家用知识和经验解决特定领域的问题，实现了人工智能从理论研究走向实际应用、从一般推理策略探讨转向运用专门知识的重大突破。1980 年，第一届机器学习国际研讨会在美国的卡内基梅隆大学召开，标志着机器学习研究已在全世界兴起。

1980 年，XCON 专家系统因在自动根据需求选择计算机部件的方向上为客户节约了 4000 万美元的成本并带来巨大商用价值而闻名于世，同时也大大提升了专家系统的研发热度。1981 年，日本对第五代计算机项目加大资助，定位于实现人机交互、机器翻译、图像识别及自动推理功能，投入资金达到 8.5 亿美元。英国注入 3.5 亿英镑到人工智能工程，美国也加大了对人工智能领域的资助，一时群雄逐鹿。1982 年，约翰·霍普菲尔 (John Hopfield) 的神经网络使得机器对信息的处理方式发生了跨越性的改变。1986 年，大卫·鲁梅尔将反向传播算法应用到神经网络中，形成了一种通用的训练方法。技术革新浪潮推动着人工智能不断向前发展。

(4) 人工智能的发展期 (20 世纪 90 年代初到 21 世纪初)

到了 20 世纪 90 年代后期，由于计算机计算能力的不断提高，再加上以数据挖掘和商业诊断为主要代表的应用的成功，人工智能再次高调回归。

1997 年，国际商业机器公司（简称 IBM）深蓝超级计算机战胜了国际象棋世界冠军卡斯帕罗夫，引起了世界的轰动。虽然它还不能证明人工智能可以像人一样思考，但它证明了人工智能在信息处理上要比人类更快。这是 AI 发展史上人工智能首次战胜人类。

（5）人工智能的高速发展期（21 世纪初至今）

2006 年，神经网络研究领域领军者 Hinton 提出了神经网络深度学习算法，使得神经网络的能力大大提高。同年，Hinton 和他的学生在顶尖学术刊物 *Science* 上发表了一篇文章，开启了深度学习在学术界和工业界的浪潮。

2012 年 6 月，谷歌研究人员和吴恩达从 YouTube 视频中提取了 1000 万个未标记的图像，训练了一个由 16 000 个电脑处理器组成的庞大神经网络，在没有给出任何识别信息的情况下，人工智能通过深度学习算法准确地从中识别出了猫科动物的照片，这是人工智能深度学习的首次案例，它意味着人工智能开始有了一定程度的"思考"能力。

2012 年至今，随着大数据、云计算、互联网、物联网等信息技术的发展，泛在感知数据和图像处理器等计算平台的推动，以深度神经网络为代表的人工智能技术飞速发展，大幅跨越了科学与应用之间的"技术鸿沟"，诸如图像分类、语音识别、知识问答、人机对弈、无人驾驶等人工智能技术实现了从"不能用、不好用"到"可以用"的技术突破，迎来爆发式增长的新高潮。

第二节　人工智能的研究目标与内容

一、人工智能的研究目标

人工智能，是一门研究如何构造智能机器（智能计算机）或智能系统，使它能模拟、延伸、扩展人类智能的计算机学科。通俗地说，人工智能就是要研究如何使机器具有能听、能说、能看、会写、能思考、会学习、能适应环境变化、能解决面临的各种实际问题等功能的一门学科。实现人工智能的征程是漫长的，所以其研究目标除了远期目标之外，还应该有符合当前算力水平和认知水平的近期目标。

人工智能的近期研究目标就是使现有的计算机不仅能做一般的数值计算及非数值信息的数据处理，而且能运用知识处理问题，能模拟人类的部分智能行为。为了实现这个目标，就需要研究开发能够模仿人类这些智能活动的相关理论、技术和方法，建立相应的人工智能系统。

人工智能的远期研究目标就是使计算机不仅能模拟而且可以延伸、扩展人的智能，甚至可以达到超越人类智能的水平。实现这一宏伟的目标任重而道远，不仅因为当前的人工智能技术远未达到应有的高度，而且人类对自身各种智能行为的理解也不够透彻，因此还有漫长的征程。

人工智能研究的近期目标和远期目标是相辅相成、不可分割的。一方面，近期目标的实现为实现远期目标打下了良好的基础；另一方面，远期目标为近期目标的实现指明了方向，强化了近期研究目标的战略地位[8]。

二、人工智能与大数据

"人工智能技术其实是一个非常广泛的技术，它不仅涵盖了语音识别、图像识别、自然语音理解、用户画像等方面，和大数据、云计算的界限也变得越来越模糊。"李彦宏这样描述人工智能、大数据、云计算的关系，三者的联系确实非常紧密。人工智能之所以在历经这么多年的浮浮沉沉后才于近年大红大紫，原因归结于2006年出现的人工智能关键技术——"深度学习"，至此，人工智能才有了实用价值。当然，深度学习的发展也得益于大数据和云计算的日趋成熟。可以说大数据是人工智能发展的基础，云计算是人工智能发展的平台，而深度学习是人工智能发展的手段（图1-3）。

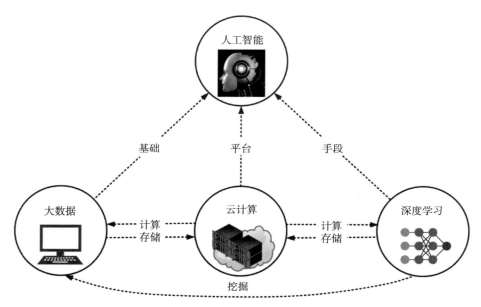

图 1-3　人工智能与大数据、云计算、深度学习的关系

大数据，指无法在一定时间范围内用常规软件工具进行捕捉、管理和处理的数据集合，是需要新处理模式才能具有更强决策力、洞察发现力和流程优化的海量、高增长率和多样化的信息资产[9]。在信息处理的过程中，大数据可以分为"结构化数据"和"非结构化数据"。其中，结构化数据专指可作为数据库进行管理的数据，一般存储于普通的数据库之中，如企业的客户信息、经营数据、销售数据和库存数据等。而非结构化数据是指不存储于数据库中的数据，主要有文本文件、视频图像、声音等数据。目前，随着社交媒体的兴起，非结构化数据迎来了爆发式增长，企业数据的 80% 左右都属于非结构化数据。

大数据时代的来临加快了人工智能应用的发展，那些拥有独立大数据流量入口的企业，无一例外都成为人工智能领域的"超级玩家"。可以说现阶段的人工智能是数据驱动的人工智能，其发展所取得的大部分成就都和大数据密切相关。腾讯 CEO 马化腾在清华大学论坛上表示，"有 AI 的地方都必须涉及大数据，这毫无疑问是未来的方向"。李开复也曾谈到过，"人工智能即将成为远大于移动互联网的产业,而大数据一体化将是通往这个未来的必要条件"。

在人工智能领域充分应用大数据的公司必须谈到谷歌和苹果。谷歌提供优化的搜索引擎服务,后台的人工智能随着用户的使用情况而不断进化,使用的用户越多,搜索引擎也越优化,优化之后,用户自然也就更多,形成了一个良性循环。除了搜索引擎,谷歌还通过 Gmail、Google Docs 等收集大量的非结构化数据,从而使"谷歌大脑"变得越来越聪明。此外,谷歌研发的"语音搜索",苹果的语音识别技术 Siri 也是基于人工智能理论构建的。大数据是人工智能发展的基础,可以说没有大数据,就没有现在火爆的人工智能应用。

三、人工智能与云计算

云计算是基于互联网相关服务的交付和使用模式,可以提供便捷的、按需的网络访问。云是网络、互联网的一种比喻说法,拥有强大的计算能力,一般通过互联网来提供动态易扩展且经常是虚拟化的资源,并由软件实现自动管理,无须人为参与。用户可以通过电脑、笔记本、手机等方式接入数据中心,按自己的需求进行运算,运算能力可以达到每秒 10 万亿次。人工智能是程序算法和大数据结合的产物,而云计算则为程序的算法部分,为人工智能发展提供了平台。

随着人工智能产品市场的扩大,很多大型云计算厂商都推出了一定程度的人工智能服务,为很多中小企业或者是预算受限的大型企业提供了低成本研发人工智能产品的机会。2017 年年底,IBM 公司提供服务于人工智能的 Watson 品牌,涉及不少于 16 项服务,重点应用于分析数据、语音、文本等。亚马逊大部分业务的云服务主要建立在消费产品之上,并提供可视化工具和向导,指导用户完成创建机器学习模型的过程,而无须学习复杂的机器学习算法和技术。与亚马逊公司一样,微软公司也推出了很多基于消费产品的人工智能服务。谷歌计算引擎云计算产品也提供了图像处理、语言翻译、收件箱智能回复等人工智能功能。

"技术进步和终端设备发展，将推动世界走向基于 AI 能力，实现物物、物人之间自动连接、交互和决策的'万物智联'时代。这需要一个能提供强大计算能力、存储能力和数据分析能力的在线服务中枢。云计算，便是囊括这些能力的天然载体。"金山云合伙人、高级副总裁在 2019 年中国国际智博会上解释了云计算的重要作用。云计算不仅为人工智能提供了基础计算平台，而且为很多智能应用提供了便捷途径，进一步解放了人力。

四、人工智能与深度学习

深度学习是用于建立、模拟人脑进行分析学习的多层神经网络，并模仿人脑的机制来解释数据的一种机器学习技术[11]。其核心思想就是模拟大脑的神经元之间传递、处理信息的模式，主要通过建立、模拟大脑的分层结构来实现对外部输入数据从低级到高级的特征提取，从而能够解释外部数据。最近很长的一段时间，人工智能都维持很高的热度，大家在关注或研究人工智能领域的时候，应该总会遇到这样一个关键词：深度学习。那么深度学习和人工智能之间到底是什么样的关系呢？其实深度学习概念很早就被提出了，直到 2012 年在图像识别领域取得惊人的成绩时，深度学习才开始在人工智能领域大展身手。

2012 年，谷歌只有两个深度学习项目，但现在这一数字已经膨胀到超过 1000 个，涉及领域广泛，包括搜索、安卓、Gmail、翻译、地图、YouTube 和自动驾驶汽车等。2016 年 10 月，微软语音团队在产业标准语音识别基准测试中实现了对话语音识别词错率 5.9%，首次与专业速记员持平而优于绝大多数人的表现。百度图像搜索客户端团队在 2015 年年底就开始对移动端深度学习技术应用进行攻关。最终，挑战性问题被逐一解决，相关代码已经在很多 APP 上运行，很多都是有日 PV 亿级的产品。

深度学习是一个近几年备受关注的研究领域，使得人工智能能够实现众多的应用，并拓展了人工智能的领域范围。更加复杂且更加强大的深度模型能深刻揭示大数据里所承载的信息，很多大家认为不可能的机器辅助功能都变为可能，无人驾驶汽车、预防性医疗保健，甚至是更好的电影推荐，都近在眼前，或者即将实现。目前来看，可以说深度学习是实现人工智能最强有力的手段。尽管深度学习的研究还存在许多问题，但它对人工智能领域产生的影响是不容小觑的。

第三节　人工智能的主要应用领域

人工智能是一种引发诸多领域产生颠覆性变革的前沿技术。世界各国高度重视人工智能发展，美国是第一个将人工智能发展上升到国家战略层面的国家，英国、日本、德国等国家也相继发布人工智能相关战略，着力构筑人工智能先发优势。我国高度重视人工智能产业的发展，其理论和技术日益成熟，应用范围不断扩大，产业正在逐步形成、不断丰富，相应的商业模式也在持续演进和多元化。随着智能家电、穿戴设备、智能机器人等产品的出现和普及，人工智能技术已经进入生活的各个领域，其应用主要体现在如下 8 个方面（图 1-4）。

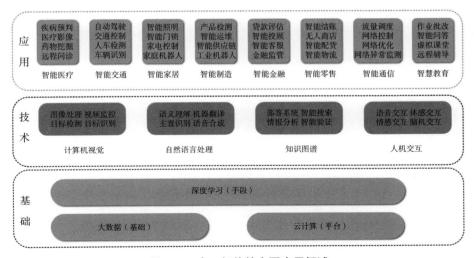

图 1-4　人工智能的主要应用领域

一、智能医疗

健康长寿一直是每个人的心愿，也是科学家和工程师致力于将人工智能技术应用于医疗健康领域的动力所在。相较于金融、运输和零售业等领域，人工智能在医疗健康领域的研发较少，因而也一直被认为是极具发展潜力的新兴领域。自 2014 年以后，大量医疗人工智能创业公司涌现，不少传统医疗企业也纷纷引入人工智能人才与技术。美国德克萨斯大学副校长曾说过："人类大脑的容量是有限的，与日俱增的患者数据和爆炸式信息增长，让医生无法跟上医学知识发展的步伐，人工智能将成为辅佐医生提高认知能力的最佳工具和手段。"据统计，到 2025 年，人工智能应用市场总值将达到 1270 亿美元，其中医疗行业将占市场规模的 1/5，可见人工智能在医疗领域的巨大潜力。

随着人工智能技术的发展，医疗健康领域已经有不少成功应用的案例，如新药研发、辅助疾病诊断、健康管理、医学影像、便携设备等。2015 年的一份报告[12] 中显示，当前有针对超过 800 种癌症的治疗方案正在临床试验中，如果借助于人工智能手段可使癌症识别更加精确。一家总部位于波士顿的生物制药公司目前正在利用人工智能平台对临床试验患者数据进行分析，以促进治疗各种疾病的新药开发。人工智能技术在医疗影像方面的应用主要指通过计算机视觉技术对医疗影像进行快速读片和智能诊断，提高图像分析效率，可让专家把更多的时间聚焦在需要更多解读或判断的内容审阅上。通过人工智能的应用，健康管理服务也取得了突破性的发展，尤其以运动、心律、睡眠等检测为主的移动医疗设备发展较快。通过智能设备采集身体数据，可以了解用户个人生活习惯，为用户定制个性化健康管理方案，也可以提前预测险情并采取相关措施预防险情发生。

近几年，人工智能与医疗健康领域的融合不断加深，逐渐成为影响医疗行业发展，提升医疗服务水平的重要因素，这将使医疗健康领域发生重大的变革。然而，医学人工智能的技术水平和应用规模还有待提高，在性能方面还有很大的提升空间。但我们相信，随着技术的发展，人工智能将在医疗健康领域迎来大爆发，不仅可以提高医生就诊效率，而且可以指导我们日常生活作息。

二、智能交通

2017 年，国务院印发《新一代人工智能发展规划》，提出推动人工智能与各行业融合创新，智能交通、智能物流等领域位列其中。根据此规划，国家将促进智能交通发展，建成覆盖地面、轨道、低空和海上的智能交通监控、管理和服务系统。随着网约车和自动驾驶技术的发展，智能交通领域逐渐吸引了大量科研人员的关注。智能交通的提出虽然只有十几年的时间，但无疑是应用最成功的领域之一，车辆检测、车牌识别、非机动车检测与分类、车辆厂商标志识别、车道线检测、交通信号灯检测等应用已成功服务于人类日常生活。

目前在智能交通领域，车牌识别无疑是最成功的应用之一，基本大中小城市的停车场都配备了智能车牌识别服务，识别准确率更是达到了 99%，大大解放了人力。2016 年，杭州萧山区部分路段安装"城市数据大脑"，掌握城市道路上车辆的实时轨迹信息，提前半小时预测交通流量变化，智能调节红绿灯，车辆通行速度提升了 11%。浙江宁波还创立了智能警亭，实时掌握道路交通运行状态，提前预判交通拥堵，及时发现交通事件，快速组织调度警力，提升了工作效率。另一个不得不提的应用就是自动驾驶领域，涉及环境感知、智能决策和规划、智能控制等多门学科，可以说是将人工智能运用最彻底的一个应用。2019 年 12 月，东风汽车集团有限公司在海外自动驾驶领域获得了新进展，其自动驾驶汽车公共道路测试申请获得了瑞典交通运输局的上路许可批准，成为首家获得欧洲自动驾驶公共道路测试许可的中国车企。

李彦宏在百度世界大会上曾说过："人工智能思维是用全量实时的数据来感知交通实际情况，如城市每一辆车所在具体位置，每一个红绿灯口有多少辆车，这些车移动的方向等。通过对这些情况进行全局调整，可以大幅度提升城市交通运营效率。"人工智能在智能交通领域的应用，主要体现在交通管控和智慧出行两个方面。交通管控最直接的体现就是解决交通拥堵问题，实时检测车辆位置，智能调节红绿灯，智能调度车辆，实时播报交通拥堵路段等，都是人工智能赋予交通的智慧。智慧出行更是无形中渗透到人们的日常生活，想想我们现在出门还需要在寒风中招手打车吗？我们只需要打开手机，一键叫车，就可以轻松打到车，还可以查看车辆的实时位置。当然，智慧出行憧憬的目标不仅如此，更高级的目标是无人驾驶，虽然仍然存在包括基础设施、隐私、事故追责及技术不成熟在内的诸多问题，但我们相信无人驾驶汽车将不会只存在于科幻电影里，它将以最完美的姿态，重新定义我们的出行新生活，实现真正的智慧出行。

三、智能家居

智能家居就是通过各种感知技术对家居环境的温度、湿度、亮度等信息自动感知与自动控制而实现的家居生活的自动化与智能化。简单来说，智能家居不仅可以提升家庭安全系数，全方位保障家庭安全，也为家庭生活带来了便利，可以满足人们对居住环境的贪婪需求。现在很多新建小区都已经配备了全套智能家居系统，智能家居几乎成为现代生活的标配。

现在比较常用的智能家居模式一般为人来灯亮，人走灯灭，下雨自动关窗、收衣服，雨后自动开窗通风，通过语音可以控制家中所有的电器，包括灯光、电视、空调、窗帘、窗户等，同时还具备开门即时信息推送、门锁防撬报警、燃气泄漏报警、烟雾火灾报警、漏水报警等功能。调查显示，2017 年，中国广义的智能家居市场规模突破 3000 亿元，2018 年增长到接近 4000 亿元。2019 年，随着5G 正式发牌，智能家居市场将迎来高速发展期，预测很快智能家居市场规模将突破 5000 亿元，用户的居住环境将更加舒适、便捷和安全，实现真正的智能家居体验。

四、智能制造

随着人工智能、5G 等技术的"井喷式"发展,各主要工业国围绕智能制造所制定的各种战略也甚嚣尘上,2019 年的政府工作报告也将智能制造确定为国家经济发展新动能的重要发展方向。智能制造是将一系列新型人工智能技术与传统应用进行有机结合,帮助制造业从机械化、电气自动化向数字化、网络化及智能化方向进行转变,从而创造自感知、自决策、自执行的新型生产方式[13]。

中国智能制造市场已达千亿规模,且增速不断加快,尤其在汽车、计算机通信、食品饮料制造业、家电制造业等关键领域。智能制造主要体现在智能工厂的智能生产中,通过将智能化融入整个生产、制造过程,构建智能化生产系统,从而实现降低成本、高效生产,获得丰厚的经济效益和回报。据统计,2022 年与智能制造相关的技术市场将达到 1520 亿美元,可以相信未来智能制造通过"数据 + 算法"的深度赋能将重构制造业生产体系的各个环节。

五、智能金融

伴随着人工智能、大数据、云计算等技术的崛起,金融行业也发生了巨大的变化,智能金融的概念被提出,并逐渐实现了金融服务的自动化与智能化。智能金融不仅是一个前瞻的概念,其可以应用到金融的各个细分领域,包括支付、个人信贷、企业信贷、财富管理、资产管理及保险等板块。

和大众最贴近的应用就是智能支付,以人脸识别、虹膜识别等为代表的生物识别支付技术极大地简化了支付流程,在商业、娱乐场所得到了广泛应用。个人信贷业务服务中,通过智能获客,准确评估客户信用风险,促进个人信贷健康发展。投资智能推荐服务在了解投资人投资偏好之后,可以更好地提供个性化投资建议和投资服务,极大地降低成本,提高效率。阿里巴巴旗下的蚂蚁金服下属团队专门从事人工智能赋能金融研究,已实现一系列创新和应用,包括互联网小贷、保险、征信、客户服务等多个领域。2015 年,交通银行推出智能网点机器人"交交"，通过语音识别和人脸识别技术，可以进行人机语音交流、客户指引、银行业务介绍等操作，节省客户办理时间，一定程度上解放了人力。

借助高性能计算机和大数据处理技术，人工智能赋能金融领域具有非常广阔的应用前景。不仅可以推动金融机构提高工作效率，降低运营成本，而且有利于增加金融产品和服务的灵活性、适应性和普惠性，提高风险防控能力。随着数据在金融细分领域的积累和整合，智能金融的应用将不断向拓展各细分场景、提升业务效能的方向迈进，展现出多样化的金融应用布局。

六、智能零售

这一次人工智能的全面爆发，对人们生活的影响已大大超出了想象，实体零售公司也不断将其整合进自己的业务，衍生出了"智能零售"这一全新概念。智能零售就是通过人工智能来为传统零售行业赋能，提高零售效率，增加收益。对于消费者来说，智能零售便利了购物，提高了购物的体验感。而对于零售商而言，智能零售可以帮助商家深入分析和了解消费者的偏好和需求，从而实现精准营销和大规模个性化推荐。智能零售行业已经有多项应用落地，据统计，2018—2024 年，全球人工智能在零售领域应用年均复合增长率超过 40%，应用市场规模在 2024 年将达到 80 亿美元。

智能零售最大程度围绕顾客、需求、商品、服务等方面实现从商品生产到顾客体验全过程的效率最大化，其本质始终是围绕顾客的需求，提供适合的商品和极致的体验。智能货架可以实时显示商品相关信息，并展示相关促销优惠。机器人导购可以帮助客户快速挑选适合的商品，进行针对性的展示和引导。智能试衣镜可以快速帮消费者展示服装上身效果，并进行服装搭配推荐。而商家在与客户的互动中会产生大量数据，通过人工智能算法可以分析顾客的购买力、消费信用、品牌偏好、行为特征和社会关系，从而形成对应的用户画像，为精准个性化推荐服务建立基础，提供良好的客户体验。

过去 20 年互联网技术的发展、大数据的积累及计算能力的提高，再加上近几年来人工智能的突破性发展，为智能零售的商业化提供了成熟的条件。而随着智能化、协同化零售基础设施的完善，零售未来的生态会彻底变革与重构，将来不仅会影响消费领域，还会对流通领域乃至整个商品供应链带来翻天覆地的变化。

七、智能通信

网络通信与人们的日常生活息息相关，随着人工智能的发展及 5G 商用的推广，全球通信产业将迎来新的机遇。在 5G 网络的推进过程中，网络的复杂程度会越来越高，网络运维必须走向智能化管理。通过引入人工智能，通信网络可以从当前的人治模式向自治模式演进，基于智能的通信网络，将实现最少的人工干预，基于全方位信息感知、分析、决策，实现完全自动化的闭环自治。而运营商可以提升运维效率，减少运维人力，极大地降低网络运维成本。基于人工智能的网络通信，能实时洞察用户意图，快速进行业务部署，随时为需求提供最佳网络匹配，最优化网络资源利用率，实现智能网络切片、智能移动负载均衡等功能。

八、智慧教育

智慧教育狭义上指通过构建智能化的学习环境，让教师能够施展高效的教学方法，而学生可以通过定制化的个性化服务获得学习效率的最大化。广义上来说，智慧教育是一个比较宏大的概念，可以理解为一个智慧教育系统，而智慧校园、智慧课堂是其中比较核心的组成部分。据统计，2017 年，我国财政部分向包括智慧教育在内的教育信息化领域投入了 2731 亿元，预计到 2020 年年底，投资规模将增长到 3800 亿元。除了国家财政部门的直接投资外，社会各界及省、市等各级单位都在积极向智慧教育投入资源。

2015 年，百度成立教育事业部，2018 年推出"百度教育大脑 3.0"，实时理解用户学习需求，掌握学习进度，并精准地为用户推荐个性化学习资料，提升他们的学习兴趣。截至 2017 年年底，淘宝教育上在线课程已经入驻超过 2 万门，每天在线的学习者在 10 万人左右。目前，阿里云已经推出与全国 200 所高校合作的阿里云大学合作计划"AUCP"，包括浙江、江苏等 6 个省份的省级教育厅也与阿里合作，从人才培养、技术输出等多方面共同推进智慧教育升级。

第四节　人工智能的机遇与挑战

近年来，随着大数据、云计算、深度学习等技术的不断成熟，人工智能发展迅速，已经成为未来产业变革和科技革命的新引擎，并将带动和促进传统产业的转型升级。人工智能的作用是不断帮助人类，将人类从低级重复性的劳动中解放出来，从而用更多时间去研究那些需要创新、具有变革作用的新技术。当前人工智能的应用十分广泛，包括机器翻译、专家系统、智能控制、语言和图像理解及智能金融等，人工智能在越来越多的领域展现出了非凡的潜力。未来人与人、物与物、人与物之间的对话、指令和自动化控制，将大部分由人工智能控制，甚至会实现"万物互联"。

人工智能的广泛发展毫无疑问给人类带来了机遇，小到我们手机中的智能助手、网页界面的智能推荐系统，大到智能医疗系统、自动驾驶系统，人工智能算法已经高度渗透到我们的生活当中。苹果的 Siri、谷歌的 Assistant、微软的小娜，通过智能对话与即时问答的智能交互，可以帮助用户解决生活类问题。近年来，国内也陆续推出了百度的度秘、搜狗语音助手、讯飞语音助手等。自动驾驶是智能交通领域最为火热的方向，其可以借助机器视觉与语音识别技术感知驾驶环境、识别车内人员、理解乘客需求，并利用机器学习模型与深度学习模型自动做出决策。自动驾驶是汽车产业与人工智能、大数据、云计算等新一代信息技术深度融合的产物，是当前全球汽车与交通出行领域智能化和网联化发展的主要方向。

近年来，智能医疗在国内外的应用程度不断提升，包括医学影像与诊断、医学研究与辅助诊断、药物挖掘与开发等方面。人工智能在医学影像的成功应用为贝斯以色列女执事医学中心与哈佛医学院合作研发的人工智能系统。该系统对乳腺癌病理图片中癌细胞的识别准确率可达 92%，与病理学家的分析结合时，其诊断准确率可以高达 99.5%。药物挖掘方面，人工智能主要通过大数据分析等技术手段，快速、准确地挖掘和筛选出合适的化合物或生物，达到缩短新药研发周期、降低新药研发成本、提高新药研发成功率的目的。

从早期的学术理论到如今广泛的实际应用，人工智能已经走过了一条很长的路。人工智能现在正在融入我们的生活，并展示了进一步发展的前景。从医疗保健到公共交通，从通信交流到学校教育，人工智能和我们如影相随。展望未来，人工智能的发展将助力人类实现更多目前看来"不太可能"的事情。

人工智能在给我们带来诸多便利的同时，也有可能会给我们带来诸多困扰，如隐私泄露、伦理问题、法律保护、失业等。面对这些挑战，我们做好准备了吗？

当大数据、云计算平台和人工智能三者叠加后，个人隐私将会成为"奢侈品"，人们或将不再有隐私可言。人工智能的发展有赖于利用大规模数据来支撑算法的训练，而智能产品的产业链上有开发商、平台提供商、操作系统和终端制造商、其他第三方等多个参与主体，这些主体都具备访问、修改、利用用户数据的能力。作为用户，在我们使用各类智能产品的同时，我们就已经主动或被动地泄露了自己的隐私。我们的身份信息、在网上浏览的信息、平时的活动范围、社交网络等都被别人了解得一清二楚，我们的生命财产安全时时刻刻暴露在"大庭广众"之下。我们能决定谁可以有权访问我们吗？我们能知道收集的数据都用来做什么了吗？我们能知道这些数据使用完之后还会保留吗？我们能知道这些数据会被泄露或转让吗？这些问题的答案无疑都是否定的，那我们的隐私该由谁来保护？

人工智能的发展与大规模应用，将对传统社会伦理道德造成巨大冲击。世界上很多国家及相关国际组织对伦理问题高度关注。美国就曾在《国家人工智能研究和发展战略计划》中提出，要构建人工智能伦理，研究者需要研究出新的算法确保人工智能做出的决策与现有的法律、社会伦理一致。2017年，沙特阿拉伯授予美国汉森机器人公司生产的"女性"机器人索菲亚公民身份，作为史上首个获得公民身份的机器人，其引发了人类更多的内心伦理挑战。2016年5月，美国佛罗里达州的一位40岁男子开着一辆以自动驾驶模式行驶的特斯拉在高速公路上行驶，全速撞到一辆正在垂直横穿高速的白色拖挂卡车，最终车毁人亡。但我们不禁要问：既然是自动驾驶，发生事故后应该由谁来承担相应的法律责任？能否对人工智能或者自主系统进行问责？这些问题对法律领域构成了挑战。

随着人工智能的进一步发展，未来将有更多行业和场景运用人工智能，很多没有技术含量的重复性工作将被取代。麦肯锡全球研究院近期的一份报告对全球800多种职业所涵盖的2000多项工作内容进行分析后发现，全球约50%的工作内容可以通过改进现有技术实现自动化。这是人工智能对人类就业结构提出的一项新的挑战，如何突破人工智能领域值得人们深思。

人工智能在各个专业领域的迅猛发展，引发了人们对未来前景的讨论。作为一门年轻的学科，人工智能无疑是人类社会进步的催化剂，同时它也是一把双刃剑，用得好将给我们带来便利，用得不好将引发人类恐慌，甚至对人类社会发展产生巨大威胁。科技进步是好事，但如何把握这个度就比较重要了。我们需要客观地审视人工智能，积极拥抱人工智能的优势，利用人工智能解放劳动力，推动社会进步。同时也应该未雨绸缪，谨慎使用，消除负面影响，让AI为人类发展带来更强劲的动力。

第二章

人工智能的基础——大数据

第一节　大数据的概念与发展

　　随着信息技术的普及和发展，硬件成本大幅降低，网络带宽获得大幅提升，伴随着每日上万亿比特的数据，大数据时代已经到来。大数据作为继云计算、物联网之后 IT 行业的又一颠覆性技术，已成为信息技术领域的另一个信息产业增长点。大数据作为一项新兴且潜在价值巨大的资产，正极大地影响并改变着社会的各行各业，大数据对人类的社会生产和生活必将产生重大而深远的影响。

　　本章着重讲述大数据的概念和发展，包括大数据的定义、大数据技术的发展历程、大数据的特点及优势，使读者对于大数据有一个初步的认识。

一、大数据的定义

　　数据科学家维克托·迈尔·舍恩伯格在其著作《大数据时代》中提到，世界的本质就是数据。然而，随着信息技术的不断发展，人类社会活动产生的数据与日俱增，这些数据涉及生活的方方面面。对于越来越多的海量数据，用以往的方法已经很难进行有效的处理，因此人们开始关注和研究海量数据的处理方法。这些海量的数据被称为"大数据"。

近年来，大数据迅速发展成为科技界和企业界甚至世界各国政府关注的热点。麦肯锡公司给出的大数据的定义是：大数据是指无法在一定时间范围内用常规软件工具进行捕捉、管理和处理的数据集合。信息技术咨询研究与顾问咨询公司 Gartner 给大数据做出了这样的定义：大数据是指需要用高效率和创新型的信息技术加以处理，以提高洞察能力、决策能力和优化流程能力的信息资产。

对于数据量巨大到什么程度，业内目前还没有统一的标准，一般认为数据量在 10 TB ~ 1 PB（1 TB=1024 GB，1 PB=1024 TB）及以上。

二、大数据技术的发展历程

（1）萌芽阶段

20 世纪 90 年代，大数据这个术语开始出现。1997 年，迈克尔·考克斯和大卫·埃尔斯沃思在第八届美国电气和电子工程师协会（IEEE）关于可视化的会议论文集中发表了《为外存模型可视化而应用控制程序请求页面调度》的文章。这是在美国计算机学会的数字图书馆中第一篇使用"大数据"这一术语的文章。这一时期，数据库技术逐渐成熟，数据挖掘理论逐渐成熟。但是那时的大数据只表示"大量的数据或数据集"这样的字面含义，还没有涵盖到相关的采集、存储、分析挖掘、应用等技术方法与特征内涵。萌芽期的大数据技术的主要研究方向集中在算法（Algorithms）和识别（Identification）等方面。

（2）发展阶段

从 20 世纪末到 21 世纪初期是大数据的发展期。云计算技术和物联网技术的产生给大数据的发展提供了必要条件，在这一阶段中大数据逐渐被学术界的研究者所关注，相关的定义、内涵、特性也得到了进一步的丰富。Google 公司在 2003—2006 年先后发表了 3 篇大数据技术论文，这在大数据处理技术上具有里程碑意义。2005 年启动 Hadoop 项目，这一开源项目为大数据提供了技术基础。2006—2009 年，大数据技术形成并行运算与分布式系统。2009 年，Google 首席架构师杰夫·迪恩在 BigTable 基础上开发了 Spanner 数据库。也正是从这一年开始，大数据逐渐成为互联网信息技术行业的流行词汇。随着数据挖掘理论和数据库技术的逐步成熟，一批商业智能工具和知识管理技术如数据仓库、专家系统、知识管理系统等开始被应用。

（3）成熟阶段

2011 年至今，是大数据发展的成熟阶段，越来越多的研究者对大数据的认识从技术概念丰富到了信息资产与思维变革等多个维度，一些国家、社会组织、企业开始将大数据上升为重要战略。2012 年，瑞士达沃斯世界经济论坛将大数据作为主题，美国奥巴马政府启动"大数据研究和发展计划"。在这些事件的推动下，大数据逐渐演变成全球关注的焦点，因此人们将 2012 年称为"大数据元年"。2017 年，我国《大数据产业发展规划（2016—2020 年）》正式发布，全面部署"十三五"时期大数据产业发展工作，推动大数据产业健康快速发展，我国大数据产业进入爆发期。

从全球范围来看，学术界及企业界纷纷开始将大数据研究由学术领域向应用领域扩展，大数据技术开始向商业、科技、医疗、政府、教育、经济、交通、物流及社会的各个领域渗透。

三、大数据的特点及优势

按照 IBM 公司的提法，大数据具有"5V"特点，即容量大（Volume）、速度快（Velocity）、多样性（Variety）、低价值密度（Value）和真实性（Veracity）。

（1）容量大（Volume）

大数据的第一个特点就是它可以容纳大量的信息，这个信息的储量可以超过以往传统的数据库的容量，并且数据量呈持续增长趋势。数据量庞大，指包括采集、存储和计算的量都非常大。根据 Facebook 公布的一份研究报告显示，截至 2015 年年底全世界已有约 32 亿网民，每个互联网的用户都可以产生大量的数据。同时随着智能设备、物联网技术的发展，越来越多的终端接入互联网中，数据产生的源头不再只是计算机和手机，智能家居、监控设备、各类传感器等每时每刻都会产生大量的数据。这些视频、图像等半结构化或非结构化数据的规模在快速增长。

（2）速度快（Velocity）

随着数据量的急剧增长，企业对于数据处理效率的要求也越来越高。对于某些应用而言，经常需要在数秒内对海量数据进行计算分析，并给出计算结果，否则处理结果就是过时和无效的。大数据可以对海量数据进行实时分析，不论是数据输入、处理还是丢弃，都是立竿见影而非事后见效，这样可以快速得出结论，从而保证结果的时效性。

（3）多样性（Variety）

大数据的数据类型繁多，可以简单地划分为 3 类：结构化数据、半结构化数据和非结构化数据。其中，结构化数据主要指存储在关系型数据库（如 MSSQL、Oracle、MySQL）中的数据。不方便使用关系型数据库二维逻辑表来表现的数据即称为非结构化的数据，如图片、音频、视频、模型、连接信息、文档、位置信息、网络日志等，存储在非关系型数据库（NoSQL）中。和普通纯文本相比，半结构化数据具有一定的结构性，但数据结构和内容混在一起，没有明显的区分。OEM（Object Exchange Model）是一种典型的半结构化数据模型，也存储在非关系型数据库中。相对于以往便于存储的结构化数据，非结构化数据越来越多，多类型的数据对数据的处理能力提出了更高的要求。

（4）低价值密度（Value）

信息感知无处不在，信息海量，但价值密度较低。价值密度低是大数据的另一个典型特征。在信息存储、数据处理技术比较落后的时代，由于技术的限制，企业对大规模数据的处理能力不足，一般通过采样分析的方式减少需要处理的数据量。数据量与输出的价值之间的比率较高。大数据时代选取数据的理念是选择全体而非样本，处理数据时会将所有数据纳入处理范围。如何结合业务逻辑并通过强大的机器算法来挖掘数据价值，是大数据时代最需要解决的问题。

（5）真实性（Veracity）

数据的准确性和可信赖度，即数据的质量，被称为数据的真实性。大数据在给经济社会发展带来巨大便利和商机的同时，也蕴藏着各种潜在的风险。其中大数据的真实性风险是指大数据的质量高低。可以通过确保数据出处来源真实可靠，确保数据传递过程不出现误差，确保数据分析结果真实可信等方面有效防范大数据的真实性风险，以保证大数据的真实可靠。

大数据的优势在于它无处不在，结合不同行业的应用场景可以创造巨大的价值。表2-1显示了大数据在制造业、金融行业等领域的应用情况。

表 2-1　大数据在不同领域的应用情况

行业	大数据应用情况和价值
制造业	利用工业大数据提升制造业水平，包括产品故障诊断与预测、分析工艺流程、改进生产工艺
金融行业	大数据在高频交易、社交情绪分析和信贷风险分析三大金融创新领域发挥重大作用
医疗	共享电子病历及医疗记录，可以帮助快速诊断，提高诊疗质量
城市管理	可以利用大数据实现智能交通、环保监测、城市规划和智能防护
互联网	提升网络用户忠诚度，改善社交网络体验，向目标用户提供有针对性的商品和服务
政府	智能城市信息网络集成能更好地对外提供公共服务，准确判断安全威胁
媒体娱乐	收视率统计、热点信息统计和分析，创造更多联合、交叉销售商机
餐饮行业	利用大数据打破老式的餐饮经营模式，彻底改变传统餐饮经营方式
能源行业	利用大数据技术分析用户用电模式，可以改进电网运行，合理设计电力需求响应系统，确保电网运行安全
个人生活	利用与每个人相关联的"个人大数据"，分析个人生活习惯，为我们提供更加全面的服务

大数据对各行各业的渗透，大大推动了社会生产和生活。因大数据系统的出现，政府、企业可以根据数据分析结果来提供更优质的服务，个人生活将更

加便捷。大数据技术的广泛应用必将对社会发展产生深远的影响。

第二节　数据采集与预处理

研究大数据、分析大数据的首要前提是拥有大数据。而拥有大数据的方式，要么是自己采集和汇聚数据，要么是获取别人采集、汇聚、整理后的数据。数据汇聚的方式各种各样，有些数据是通过业务系统或互联网端的服务器自动汇聚起来的，有些是通过整理汇聚的。

通常情况下，我们汇聚到的数据大多数属于含有噪声、不完整、不一致的脏数据，数据质量差。若未对其进行处理，我们将很难通过挖掘与分析获得其中蕴含的智能的、深入的、有价值的信息。例如，进行网络入侵检测的判断，要想判断某一个 HTTP 请求是正常的还是恶意的，可以用一个探针程序部署在网关上，把所有经过这个网关的 HTTP 请求全部抓取下来并存储，但是程序抓取的都是一些数据乱码，并且所抓取的数据不能保证一定干净，可能会有噪声，也可能会有缺失。因此，我们需要对所获取的数据进行预处理，摒弃原始数据中与目标不相关的属性，填补缺失值，过滤那些影响分析结果的噪声点，为数据挖掘算法提供完整、一致、准确、有效的数据，降低挖掘计算涉及的数据处理量，提高挖掘效率，高质量地、准确地发现知识。好的数据预处理有助于保证挖掘数据的正确性和有效性，另外，也能通过对数据格式和内容的调整，使数据更符合挖掘的目标。

总之，如何在大量数据中采集需要的数据并对其进行有效的预处理，已经成为数据挖掘系统实现过程中的关键问题。

一、大数据采集架构

数据采集最传统的方式是企业自己的生产系统产生的数据，如淘宝的商品数据、交易数据等。除上述生产系统中的数据外，企业的信息系统还充斥着大量的用户行为数据、日志式的活动数据、事件信息等，这些数据以往并没有得到重视，现在越来越多的企业通过架设日志采集系统来保存这些数据，希望通过这些数据获取其商业或社会价值。这些日志系统比较知名的有 Hadoop 的 Chukwa、Cloudera 的 Flume、Linkedin 的 Kafka 等，这些工具大多采用分布式架构，来满足大规模日志采集的需求。下面介绍几种常用的大数据采集工具。

（1）Chukwa

作为一个分布式存储和计算系统，Apache 的开源项目 Hadoop 已经被业界广泛应用。很多大型企业都有了各自基于 Hadoop 的应用和相关扩展。当 1000+ 个节点的 Hadoop 集群变得常见时，为了收集和分析集群自身的相关信息，Apache 提出 Chukwa 作为解决方案。

Apache Chukwa 是一个针对大型分布式系统的数据采集系统，其构建于 Hadoop 之上，使用 EIDFS 为其存储，最初是设计用于收集和分析 Hadoop 系统的日志。Chukwa 继承了 Hadoop 的伸缩性和鲁棒性，其内置装有一个功能强大的工具箱，用于显示系统监控和分析结果，使得通过 Chukwa 收集的数据发挥最大的用处。

（2）Apache Flume

Flume 由 Cloudera 公司开发，是一种功能齐全的分布式海量实时日志采集、聚合和传输系统。Flume 支持在日志系统中定制用于采集数据的各类数据发送方，同时，Flume 对数据进行简单处理，并写到各种数据接收方的服务中。如今，Flume 已经成为 Apache 基金会的子项目。图 2-1 为 Flume 的体系架构。在 Flume 中，外部输入称为 Source（源），系统输出称为 Sink（接收端）。Channel（通道）把 Source 和 Sink 链接在一起。以上这些都运行在 Flume 的一个称为 Agent（代理）的守护进程中。Event（事件）是 Flume 最基本的数据传输单元，其包括零个或多个 Event 头和一个 Event 体，其从服务器产生，经 Source、Channel、Sink 最终保存到文件系统（如 HDFS）中。

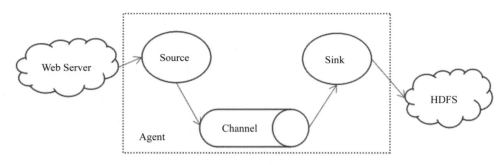

图 2-1　Flume 的体系结构

（3）Apache Kafka

Apache Kafka 是当下流行的分布式发布 / 订阅消息系统。Kafka 早期的版本由 Linkedin 公司开发，之后成为 Apache 的一个子项目。Apache Kafka 被设计成能够高效地处理大量实时数据，其特点是快速、可扩展、分布式、分区和可复制。Kafka 是用 Scala 语言编写的，虽然置身于 Java 阵营，但其并不遵循 JMS（Java Message Service）规范。Apache 集群不仅具有高可扩展性和容错性，而且相比较其他消息系统（如 Active MQ、Rabbit MQ 等）具有高得多的吞吐量。因为 Apache Kafka 为发布消息提供了一套存储系统，故其不仅用于发布 / 订阅消息，还有很多机构也将其用于日志聚合。

下面给出 Apache Kafka 的一些基本概念。

① Topics（话题）：消息的分类名。

② Producers（消息发布者）：能够发布消息到所选择 Topics 的进程。

③ Consumers（消息接收者）：可以从 Topics 接收消息的进程。

④ Broker（代理）：组成 Kafka 集群的单个点。

简单地说，Producers 将消息发送到 Broker，并以 Topics 的名称分类，而 Broker 又服务于 Consumers，将指定 Topics 分类的消息传递给 Consumers。Apache Kafka 目前主要采用 Apache Zookeeper 协助其管理 Kafka 集群。图 2-2 描绘了 Kafka 集群的工作流程。

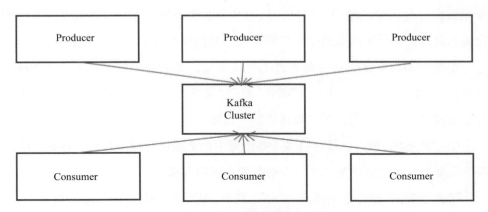

图 2-2 基本 Kafka 集群的工作流程

除了上述几种工具外，网络爬虫也是许多企业获取数据的一种方式。Nutch就是网络爬虫中的佼佼者，Nutch 是 Apache 旗下的开源项目，存在已经超过10 年，拥有大量的忠实用户。Nutch 最初是 Apache Lucene 项目的一部分，后独立出来成为单独的 Apache 项目，值得一提的是 Apache Nutch 项目培育出了 Hadoop、Gora 等目前流行的开源项目。Apache Nutch 是使用 Java 语言编写的，其提供了较为完整的数据抓取工具，用户可以通过它创建像谷歌、百度那样属于自己的搜索引擎。Nutch 目前已经是一个高度可扩展和可伸缩的网络爬虫工具，拥有大量的插件，以及与其他开源项目集成的能力，用户可以十分方便地定制自己的数据抓取引擎。

二、数据预处理原理

在我们将要分析的原始数据中，往往存在大量缺失、重复、异常的数据，严重影响了数据挖掘的执行效率，并可能导致挖掘结果的偏差；为了获得更完整的分析结论，也需要我们基于原始数据设计衍生出更多的变量。没有高质量的数据，就没有高质量的挖掘结果。为了提高数据挖掘和分析的质量，我们必须对原始数据进行预处理。数据预处理是指在对数据进行挖掘以前，需要先对原始数据进行清理、集成、变换、规约等一系列处理工作，以达到挖掘算法进行知识获取研究所要求的最低规范和标准。数据预处理主要包括以下方法。

①数据清理，该方法主要通过填写缺失值、光滑噪声数据、识别或删除离群点、纠正数据的不一致等方法"清理"数据，使得处理后的数据达到格式标准化、异常值清除、错误纠正、重复数据清除等目标。

②数据集成，该方法是指将多个数据源中的数据结合起来并统一存储。例如，将不同数据库中的数据集成到一个数据库中进行存储。

③数据变换，该方法是指通过平滑、聚集、规范化、最小—最大规范化等方法，把原始数据转换成为适合数据挖掘的形式。

④数据规约，该方法常通过属性规约[属性合并或删除不相关的属性（维）]、数据压缩（PCA、LDA、SVD、小波变换）、数值规约（回归和对数线形模型、线性回归、对数线性模型、直方图）等方法有效地压缩原始数据，或者通过特征提取技术进行属性子集的选择或重造以降低数据规模。

这些处理技术在数据挖掘之前使用，大大提高了数据挖掘模式的质量，并且显著降低实际所用时间。下面将主要介绍数据集成与数据变换两种方法。

三、数据集成

数据集成（Data Integration）是指将多个不同数据源的数据合并存放在一个一致的数据存储中，它是一个数据整合的过程。在数据集成过程中，有下述 4 个问题需要重点考虑。

（1）对象匹配

当数据分析所获取的数据集来自不同的数据源时，会出现许多不同类型的数据异常情况。这些异常情况通常表现在：数据对象名称与同类型其他数据对象名称不相符、数据对象特征与同类型其他数据对象特征不相符及数据对象特征的取值范围不一致等。为了保证集成后各数据对象的一致匹配性，我们可分析不同数据源的元数据，每个数据对象及其元数据都包含了该数据对象的特征信息，我们可借助这些元数据帮助我们避免在数据集成中产生问题。

（2）冗余问题

在数据集成期间，一个属性如果可以由另一个或另一组属性导出，则这个属性可能就是冗余的。属性的冗余容易造成数据量过大、数据分析时间过长、结果不稳定等问题。因此，如何判断属性冗余是数据集成中的一个重要步骤。通常，我们可以通过计算皮尔逊相关系数、斯皮尔曼秩相关系数、协方差等检测冗余。例如，给定两个属性，利用相关性判别方法可以度量一个属性能在多大程度上蕴含或依赖另一个属性，以此鉴别数据集成后是否存在冗余属性。

（3）元组重复

重复是指对于同一数据集，存在两个或多个相同的数据对象，或者相似度大于阈值的数据对象。这种数据冗余经常出现在各种不同的数据副本之间，通常都是由于不正确的数据输入，或者更新数据后陈旧的数据未被删除等导致。

（4）数据值冲突的检测与处理问题

对于现实世界的同一实体，来自不同数据源的属性值可能不同，则在集成中容易出现数据值冲突。这可能是因为表示、比例或编码等方面的差异造成的。例如，距离在一个系统中用公里衡量，而在另一个系统中的衡量尺度是米。

四、数据变换

数据变换（Data Transformation）是指将数据转换成适合于挖掘的形式，通常包括光滑处理、聚集处理、数据泛化处理、规范化、属性构造等方式。数据变换主要涉及以下内容。

①光滑是为了去除数据中的噪声，可以采用分箱、聚类和回归的方式进行数据光滑处理。

②聚集是指对数据进行汇总或聚集。例如，可以聚集日销售数据，计算月

和年销售量。通常，这一步用来为多粒度数据分析构造数据立方体。

③数据泛化是指使用概念分层，用高层概念替换低层或"原始"数据。例如，分类的属性，如街道，可以泛化为较高层的概念，如城市或国家。类似的，数值属性如年龄，可以映射到较高层概念如青年、中年和老年。

④规范化又称归一化，将属性数据按比例缩放，使之落入一个小的特定区间，如 0 ～ 1.0。常用的规范化方法有最小—最大规范化、零均值规范化、小数定标规范化等。

⑤属性构造指的是在数据变换中可以构造新的属性添加到属性集中，以帮助挖掘过程。

在设计神经网络或距离度量的分类算法（如最近邻分类）和聚类中，通过数据变换对属性规范化特别有用。如果使用神经网络向后传播算法进行分类挖掘，对训练元组中每个属性的输入值规范化将有助于加快学习阶段的速度。对于基于距离的方法，规范化可以帮助防止具有较大初始值域的属性与具有较小初始值域的属性相比权重过大。

第三节　大数据存储

大数据通常指的是那些数量巨大、难于收集、处理、分析的数据集，也指那些在传统基础设施中长期保存的数据。数据通常以每年增长 50% 的速度快速激增，尤其是非结构化数据。大数据时代的到来对数据的存储技术提出了更高的要求，但是也给整个世界带来了更加快捷和方便的进步和发展。

一、传统数据存储

数据存储对象包括数据流在加工过程中产生的临时文件或加工过程中需要查找的信息。数据以某种格式记录在计算机内部或外部存储介质上。数据存放问题非常重要，然而在实际中确实错事连连，经常会出现掉盘、卷锁死等问题，严重影响整体系统的使用，所以数据专用存储已经成为市场上关注的安防之一。在目前数字领域中，最常见的是如下 4 种存储方式：硬盘、直接连接存储、网络连接存储、存储区域网络。

（1）硬盘（Hard Disk Drive）

在传统的计算机存储系统中，存储工作通常是由计算机内置的硬盘来完成的，但是采用这种设计，硬盘自身的缺陷很容易成为整个系统的性能瓶颈。机箱内的有限空间限制了硬盘数量的扩展，同时也对机箱内的散热、供电等提出了严峻的挑战。再加上不同的计算机各自为战，使用各自内置的硬盘，导致从总体看来存储空间的利用率较低，并且分散保存的数据也不利于数据的共享和备份工作。

（2）直接连接存储（Direct Attached Storage，DAS）

由于早期的网络十分简单，所以直接连接存储得到发展。随着计算能力、内存、存储密度和网络带宽的进一步增长，越来越多的数据被存储在个人计算机和工作站中。分布式的计算和存储的增长对存储技术提出了更高的要求。由于使用 DAS，存储设备与主机的操作系统紧密相连，其典型的管理结构是基于 SCSI 的并行总线式结构。存储共享是受限的，原因是存储是直接依附在服务器上的。另外，系统也因此背上了沉重的负担，因为 CPU 必须同时完成磁盘存取和应用运行的双重任务，所以不利于 CPU 的指令周期的优化。

（3）网络连接存储（Network Attached Storage，NAS）

局域网在技术上得以广泛实施，在多个文件服务器之间实现了互联，为实现文件共享而建立了一个统一的框架。随着计算机应用越来越广泛，大量的不兼容性导致数据的获取日趋复杂。因此，采用广泛使用的局域网加工作站族的方法就对文件共享、互操作性和节约成本有很大的意义。NAS 包括一个特殊的文件服务器和存储设备。NAS 服务器上采用优化的文件系统，并且安装了预配置的存储设备。由于 NAS 是连接在局域网上的，所以客户端可以通过 NAS 系统与存储设备交互数据。另外，NAS 直接运行文件系统协议，如 NFS、CIFS 等，客户端系统可以通过磁盘映射和数据建立虚拟连接。

（4）存储区域网络（Storage Area Networks，SAN）

一个存储网络是一个用在服务器和存储资源之间的、专用的、高性能的网络体系。它为了实现大量的原始数据的传输而进行了专门的优化。因此，可以把 SAN 看成是对 SCSI 协议在长距离应用上的扩展。SAN 使用的协议组是 SCSI 和 Fiber Channel。Fiber Channel 特别适合这项应用，原因在于，一方面它可以传输大块数据；另一方面它能够实现远距离传输，SAN 的市场主要集中在高端的企业级的存储应用上。这些应用对于性能、冗余度和数据的可获得性都有很高的要求。

二、海量数据存储的需求

进入信息社会以来，数据增长速度加快。2010 年前后，云计算、大数据、物联网技术的高速发展掀起了新一轮的信息化浪潮。我们生活在一个"数据爆炸"的时代。2016 年 2 月 22 日，社交网络 Facebook 公布的一份研究报告称，截至 2015 年年底，全世界已有约 32 亿网民。目前，已经是以用户为主导来生产内容的 Web2.0 时代，用户可以随时随地在博客、微博、微信上发布自己的信息，直播、视频网站的兴起也大大降低了多元化内容生产的门槛，每个互联网的用户都可以产生大量的数据。随着智能设备、物联网技术的发展，越来越多的终端接入到互联网中，数据产生的源头不再只是计算机。手机、智能家居、监控设备、各类传感器等每时每刻都会产生大量的数据。这些视频、图像等半结构化或非结构化数据的规模在快速增长，全球著名的信息技术、电信行业和消费科技咨询、顾问和活动服务专业提供商 IDC 在一项调查报告中指出，非结构化数据已占企业数据的 80% 且每年按指数增长 60%。

海量存储的含义在于，其在数据存储中的容量增长是没有止境的。因此，用户需要不断地扩张存储空间。但是，存储容量的增长往往同存储性能并不成正比。这也就造成了数据存储上的误区和障碍。目前，大部分互联网应用仍然使用传统关系型数据库进行数据的存储管理，并通过编写 SQL 语句或者 MPI 程序来完成对数据的分析处理。这样的系统在用户规模、数据规模都相对较小的情况下，可以高效地运行。但是，随着用户数量、存储管理的数据量不断增加，许多热门的互联网应用在扩展存储系统以应对更大规模的数据量和满足更高的访问量时都遇到了问题。数据容量的增长是无限的，如果只是一味地添加存储设备，那么无疑会大幅增加存储成本。同时，不同应用对于存储容量的需求也有所不同，而应用所要求的存储空间往往并不能得到充分利用，这也造成了浪费。海量存储技术的概念已经不仅是单台的存储设备。而多个存储设备的连接使得数据管理成为一大难题。

目前，海量数据存储技术正在向商业应用领域推广，如商业数据分析、企业信息、人事档案管理、电子商务、电子政务等应用需要处理的数据量非常巨大，这些应用在细节与侧重点上与科学应用又有所差别，如何针对商业及政府应用领域推广和探究海量信息存储技术，有效进行海量信息集成与管理，在动态变化的环境中灵活实现数据资源的共享是海量数据存储研究面临的机遇和挑战。

三、分布式存储系统

相比较分布式存储系统，传统的网络存储系统采用集中的存储服务器存放所有数据，存储服务器成为系统性能的瓶颈，也是可靠性和安全性的焦点，不能满足大规模存储应用的需要。然而分布式存储系统是将数据分散存储在多台独立的设备上，包含多个自主的处理单元，通过计算机网络互联来协作完成分配的任务。分布式存储系统适用于分布广泛的企业的组织结构，优点为可靠，响应速度快。当今很多的互联网应用在本质上就是分布式的，如基于 Web 的应用、电子商务、在线游戏、广告推送等；分布式架构通过分而治之的策略能够更好地处理当今我们面临的大规模数据处理问题，这也是其能够得到广泛部署的根本原因。分布式存储系统作为底层管理数据的基础设施，让分布式更加简单和高效。分布式存储系统具有以下特点。

①大容量，系统的节点可采用通用的 X86 架构存储服务器作为构建单元，可根据用户需要横向无限扩展存储节点，并且形成一个统一的共享存储池。

②高性能，分布式存储系统相比传统存储而言提供高出数倍的聚合 IOPS 和吞吐量，另外可以随着存储节点的扩容而线性的增长，专用的元数据模块可以提供快速精准的数据检索和定位，满足前端业务快速响应的需求。

③高可靠，整个系统无任何的单点故障，数据安全和业务连续性得到保障。每个节点可看成是一块硬盘，节点设备之间有专门的数据保护策略，可实现系统的设备级冗余，并且可在线更换损坏的硬盘或者节点设备。

④易扩展，系统可以支持在线无缝动态横向扩展，在采用冗余策略的情况下任何一个存储节点的上线和下线对前端的业务没有任何的影响，完全是透明的，并且系统在扩充新的存储节点后可以选择自动负载均衡，所有数据的压力均匀分配在各存储节点上。

⑤易整合，分布式存储系统兼容任何品牌的 X86 架构通用存储服务器，在标准的 IP/IB 网络环境下即可轻松地实施，无须改变原有网络架构。

⑥易管理，分布式存储系统可通过一个简单的 Web 界面就可以对整个系统进行配置管理，运维简便，管理成本极低，一个管理员就可以轻松管理 PB 级别的存储系统。

分布式存储系统包含分布式文件系统、分布式键值系统、分布式表格系统及分布式数据库。大数据存储管理需要多种技术的协同工作，其中文件系统为其提供最底层存储能力的支持。分布式文件系统（Distributed File System，DFS）是一个基于 C/S 的应用程序，允许来自不同终端的用户访问和处理服务器上的文件。DFS 的实现方式有很多，如 NFS、Andrew File System、Coda 等，其中最著名的是 Google 文件系统（Google File System，GFS）。它构建在大量普通的廉价设备之上，支持自动容错；主要针对文件较大、读操作远大于写操作的应用场景，GFS 把大文件划分为 64 MB 的数据块（Chunk）；采用主从（Master-Slave）结构，主控服务器用来实现元数据管理、副本管理、自动负载均衡、记录操作日志等操作。很多其他分布式文件系统都借鉴了 GFS 的思想，如淘宝文件系统、Facebook Haystack 等。

　　Hadoop 分布式文件系统（Hadoop Distributed File System，HDFS）是运行在通用硬件上的分布式文件系统，HDFS 提供了一个高度容错性和高吞吐量的海量数据存储解决方案。HDFS 已经在各种大型在线服务和大型存储系统中得到广泛应用，已经成为各大网站等在线服务公司的海量存储事实标准，多年来为网站客户提供了可靠高效的服务。随着信息系统的快速发展，海量的信息需要可靠存储的同时，还能被大量的使用者快速地访问。传统的存储方案已经从构架上越来越难以适应近几年来的信息系统业务的飞速发展，成为业务发展的瓶颈和障碍。HDFS 通过一个高效的分布式算法，将数据的访问和存储分布在大量服务器之中，在可靠地多备份存储的同时，还能将访问分布在集群中的各个服务器之上，是传统存储构架的一个颠覆性的发展。HDFS 可以提供以下特性：可自我修复的分布式文件存储系统；高可扩展性，无须停机动态扩容；高可靠性，数据自动检测和复制；高吞吐量访问，消除访问瓶颈；使用低成本存储和服务器构建。

四、云存储

　　云存储（Cloud Storage）是在云计算概念上延伸和发展出来的一个新的概念，是指通过集群应用、网格技术或分布式文件系统等功能，将网络中大量各种不同类型的存储设备通过应用软件集合起来协同工作，共同对外提供数据存储和业务访问功能的一个系统。当云计算系统运算和处理的核心是大量数据的存储和管理时，云计算系统中就需要配置大量的存储设备，那么云计算系统就转变成为一个云存储系统，所以云存储是一个以数据存储和管理为核心的云计算系统。

云存储系统的结构模型自底向上由 4 层组成，分别为存储层、基础管理层、应用接口层、访问层。

①存储层是云存储最基础的部分。存储设备可以是 FC（Fibre Channel）光纤通道存储设备。可以是 NAS（Network Attached Storage，网络附属存储）和 iSCSI（Internet Small Computer System Interface，Internet 小型计算机系统接口）等 IP 存储设备，也可以是 SCSI（Small Computer System Interface，小型计算机系统接口）或 SAS（Serial Attached SCSI，串行连接 SCSI 接口）等 DAS（Direct Attached Storage，直接附加存储）存储设备。云存储中的存储设备往往数量庞大且分布在不同地域，彼此之间通过广域网、互联网或者 FC 光纤通道网络连接在一起。存储设备之上是一个统一存储设备管理系统，可以实现存储设备的逻辑虚拟化管理、多链路冗余管理，以及硬件设备的状态监控和故障维护。

②基础管理层是云存储核心的部分，也是云存储中最难以实现的部分。基础管理层通过集群系统、分布式文件系统和网格计算等技术，实现云存储中多个存储设备之间的协同工作，使多个存储设备可以对外提供同一种服务，并提供更大、更强、更好的数据访问性能。CDN 内容分发系统保证用户在不同地域访问数据的及时性，数据加密技术保证云存储中的数据不会被未授权的用户所访问，同时，通过各种数据备份、容灾技术和措施可以保证云存储中的数据不会丢失，保证云存储自身的安全和稳定。

③应用接口层是云存储最灵活多变的部分。用户通过应用接口层实现对云端数据的存取操作，云存储更加强调服务的易用性。不同的云存储运营单位可以根据实际业务类型，开发不同的应用服务接口，提供不同的应用服务。服务提供商可以根据自己的实际业务需求，为用户开发相应的接口，如视频监控应用平台、IPTV 和视频点播应用平台、网络硬盘应用平台、远程数据备份应用

平台等。

　　④访问层是经过身份验证或者授权的用户都可以通过标准的公用应用接口来登录云存储系统，享受云存储提供的服务。访问层的构建一般都遵循友好化、简便化和实用化的原则。访问层的用户通常包括个人数据存储用户、企业数据存储用户和服务集成商等。目前，商用云存储系统对于中小型用户具有较大的性价比优势，尤其适合处于快速发展阶段的中小型企业。由于云存储运营单位的不同，云存储提供的访问类型和访问手段也不尽相同。

　　云存储系统的结构模型如图 2-3 所示。

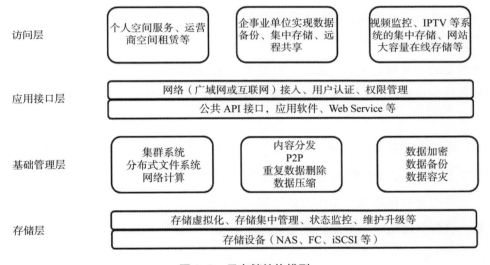

图 2-3　云存储结构模型

　　用户使用云存储，并不是使用某一个存储设备，而是使用整个云存储系统带来的一种数据访问服务。如果用一句话来概括云存储和传统存储的区别的话，那就是：云存储不是存储，而是一种服务。云存储需要的不仅是容量的提升，对于性能的要求同样迫切。与以往只面向有限的用户不同，在云时代，存储系统将面向更广阔的用户群体，用户数量级的增加使得存储系统也必须在吞吐性能上有飞速的提升，只有这样才能对请求做出快速的反应，这就要求存储系统能够随着容量的增加而拥有线性增长的吞吐性能，这显然是传统的存储架构无法达成的目标。

五、数据库

数据库是按照数据结构来组织、存储和管理数据的仓库，以一定方式储存在一起、能与多个用户共享、具有尽可能小的冗余度、与应用程序彼此独立的数据集合，可视为电子化的文件柜——存储电子文件的处所，用户可以对文件中的数据进行新增、查询、更新、删除等操作。它的存储空间很大，可以存放百万条甚至上亿条数据。但是数据库并不是随意进行数据存储，是有一定的规则，否则会降低查询效率。数据库生产于 1950 年，随着信息技术和市场的发展，特别是 20 世纪 90 年代以后，数据管理不再仅仅是存储和管理数据，而变成用户所需要的各种数据管理的方式。数据库有很多类型，从最简单的存储各种数据的表格到能够进行海量数据存储的大型数据库系统都在各个方面得到了广泛的应用。

数据库的基本结构分为 3 个层次，反映了观察数据库的 3 种不同角度。数据库不同层次之间的联系是通过映射进行转换的。

①物理数据层是数据库的最内层，是物理存储设备上实际存储的数据的合集。这些数据是原始数据，是用户加工的对象，由内部模式描述的指令操作处理的位串、字符和字组成。

②概念数据层是数据库中间的一层，是数据库的整体逻辑表示。指出了每个数据的逻辑定义及数据间的逻辑联系，是存储记录的集合。它所涉及的是数据库所有对象的逻辑关系，而不是它们的物理情况，是数据库管理员概念下的数据库。

③用户数据层是用户所看到和使用的数据库，表示一个或一些特定用户使用的数据集合，即逻辑记录的集合。

数据库分为关系型数据库和非关系型数据库。

关系型数据库是指采用了关系模型来组织的数据库。关系模型最初是 1970 年由 E.F.Codd 博士首先提出的，在之后的几十年中，关系数据库的概念不仅得到了充分发展，并成为主流数据库结构的主流模型。简单来讲，关系模型指的就是二维表模型，而一个关系型数据库就是由二维表及其之间的联系所组成的一个数据组织。主流的关系型数据库有 Oracle、DB2、MySQL、Microsoft SQL Server、Microsoft Access 等多个品种，每种数据库的语法、功能和特性也各具特色。关系模型中常用的概念如下。

关系：可以理解为一张二维表，每个关系都具有一个关系名，即表名。

元组：可以理解为二维表中的一行，在数据库中通常被称为记录。

属性：可以理解为二维表中的一列，在数据库中通常称为字段。

域：属性的取值范围，也就是数据库中某一列的取值被限制。

关键字：一组可以唯一标识元组的属性，在数据库中称为主键，由一个或多个列组成。

关系模型：指对关系的描述，其格式为"关系名（属性 1，属性 2，……，属性 N）"在数据库中称为表结构。

关系型数据库优点如下。

①容易理解：二维表结构是非常贴近逻辑世界的一个概念，关系模型相对网状、层次等其他模型来说更容易理解。

②使用方便：通用的 SQL 语言使得操作关系型数据库非常方便。

③易于维护：丰富的完整性（实体完整性、参照完整性和用户定义的完整性）大大降低了数据冗余和数据不一致的概率。

但关系型数据库也存在许多性能上的瓶颈，如难以满足高并发的读写要求、扩展性和可用性、数据一致性维护开销大等。

Not Only SQL（NoSQL）为非关系型数据库，最早的非关系数据库可以追溯到 1991 年 Berkeley DB 第一版的发布，Berkeley DB 是一个键－值（Key-Value）类型的 Hash 数据库，非关系型数据库适用于数据类型相对简单，但需要极高的插入和读取速度的嵌入式场合。非关系型数据库的迅速发展始于 2007 年，Google 和 Amazon 的工程师分别发表了有关 Big Table 和 Dynamo 数据库的论文，描述了他们已经在用的新型数据库的设计思想，从 2007 年至今，出现了 10 多种流行的非关系数据库产品，Big Table 数据库提出了列存储模型，证明了数据持久存储可以扩展到数以千计的节点；Dynamo 数据库提出了最终一致性思想，在以社交网络为代表的应用中，两个用户看到同一个好友的数据更新存在时间差是可以容忍的，降低一致性的要求可以带来更高的可用性和可扩展性；分布式缓存系统 Memcachd 则展示了内存分布式系统极高的性能，现已经被广泛应用于关系型数据库中查询结果的缓存。

NoSQL 有良好、便捷的横向扩展性，可以满足海量数据的存储需求。NoSQL 是一种无模式的数据在储模型，可以应对 Web 应用各种半结构化的数据，灵活简单的数据模型及弱一致性的特性，使得高并发情况下数据查询的性能优异。可以说，NoSQL 是大数据时代数据库领域不可或缺的重要成员。NoSQL 的主要优势与特点如下。

①灵活的数据模型：多样的数据模型支持，有基于 key-value 的、基于列存储的、基于图的一系列数据模型。

②灵活的可扩展性、经济性：相对于关系数据库管理系统来说，NoSQL 最突出的一个特点就是横向扩展，NoSQL 数据库通常使用廉价的服务器集群来管理膨胀的数据和事务数量，而 RDBMS 通常需要依靠昂贵的专有服务器和存储系统来做到这一点。使用 NoSQL，每 GB 的成本或每秒处理事务的成本，都比使用关系数据库管理系统少很多倍，可以花费更低的成本来存储和处理更多的数据。

六、数据仓库

数据仓库之父 Bill Inmon 在 1991 年出版的 *Building the Data Warehouse* 一

书中首次提出了被广为认可的数据仓库定义。Bill Inmon 将数据仓库描述为一个面向主题的、集成的、随时间变化的、非易失的数据集合，用于支持管理者的决策过程。下面我们将它分解开来进行说明。

①面向主题特性是数据仓库和操作型数据库的根本区别。操作型数据库是为了支撑各种业务而建立，而分析型数据库则是为了从各种繁杂业务中抽象出来的分析主题（如用户、成本、商品等）进行分析而建立。

②集成性是指数据仓库会将不同源数据库中的数据汇总到一起。

③随时间变化是指数据仓库包含来自时间范围不同时间段的数据快照。有了这些数据快照以后，用户便可将其汇总，生成各历史阶段的数据分析报告。

④非易失指的是，一旦进入数据仓库中，数据就不应该再有改变。操作系统环境中的数据一般都会频繁更新，而在数据仓库环境中的数据一般并不进行数据更新。

传统的数据库存放的定制性数据较多，表是二维的，一张表可以有很多字段，字段一字排开，对应的数据就一行一行写入表中，特点就是利用二维表表现多维关系。但这种表现关系的上限和下限就不可修改，如 QQ 的用户信息，直接通过查询 info 表，对应 username、introduce 等信息即可，而此时我想知道这个用户在哪个时间段购买了什么？修改信息的次数？诸如此类的指标，就要重新设计数据库的表结构，因此无法满足我们的分析需求。

数据仓库强调利用某些特殊资料存储方式，让所包含的资料产生有价值的资讯并依此做决策。利用数据仓库所存放的资料，具有一旦存入，便不随时间而变动的特性，同时存入的资料必定包含时间属性，通常一个数据仓库都会含有大量不同的历史性资料，并利用特定分析方式，从其中发掘特定资讯。数据仓库并不需要存储所有的原始数据，但数据仓库需要存储细节数据，并且导入的数据必须经过整理和转换使其面向主题。通常数据仓库的数据来自各个业务应用系统。业务系统中的数据形式多种多样，可能是 Oracle、MySQL 等关系数据库里的结构化数据，可能是文本、CSV 等平面文件或 Word、Excel 文档中的非结构化数据，还可能是 HTML、XML 等自描述的半结构化数据。这些数据经过一系列的数据抽取、转换、清洗，最终以一种统一的格式装载进数据仓库。

第四节　数据挖掘算法

数据收集和数据存储技术的快速进步使得各大组织机构积累了海量数据信息，然而如何从海量数据中提取出有用的数据信息成为当下的难题。由于数据信息庞大，并且某些数据信息具有非传统特点，所以传统的信息处理手段不足以完成数据分析的任务。这样，就需要开发新的方法以便应对当前问题。

一、数据挖掘概述

数据挖掘（Data Mining，DM）起源于数据库中的知识发现（Knowledge Discover in Database，KDD）。1989 年 8 月，在美国底特律的国际人工智能联合会议（IJCAI）上第一次提出 KDD 这个概念。1995 年，第一届"知识发现和数据挖掘"国际学术会议在加拿大蒙特利尔召开后，数据挖掘这个名词就流传出来。从严格的科学定义来讲，数据挖掘是指从海量数据中提取隐匿的、前所未知的、具有潜在价值的信息和知识的过程。从技术角度来讲，数据挖掘就是利用相关算法和技术，提取出公司或组织所需要的，有实用价值的信息的过程。数据挖掘是一个多学科交叉领域，涉及人工智能、机器学习、模式识别、数理统计、信息可视化等方面，它的最重要价值在于用数据挖掘技术改善预测模型。

数据挖掘的过程大致分为：问题定义、数据收集与预处理、数据挖掘实施，以及挖掘结果的解释与评估。

（1）问题定义

数据挖掘是为了从大量数据中发现具有潜在价值的信息，因此发现何种知识就成为整个过程中最重要的一个阶段。在这个过程中，必须明确数据挖掘任务的具体需求，同时确定数据挖掘所需要采用的具体方法。

（2）数据收集与预处理

这个过程又分为：数据选择、数据预处理和数据转换。数据选择的目的在于确定数据挖掘任务所涉及的操作数据对象，也就是根据数据挖掘任务的具体需求，从相关数据源中抽取出与挖掘任务相关的数据集。数据预处理通常包括消除噪声、遗漏数据处理、消除重复数据、数据类型转换等处理。数据转换旨在消减数据集合的特征维数，即从初始特征中筛选出真正与挖掘任务相关的特征，以便有效提高数据挖掘效率。

（3）数据挖掘实施

根据挖掘任务定义和具体方法选择数据挖掘实施算法，并且考虑数据特点及结果知识描述方式。

（4）结果解释与评估

实施数据挖掘所获得的挖掘结果，需要进行评估分析，目的在于发现有意义的知识模式。因为数据挖掘所获得的初始结果中可能存在冗余或无意义的模式，也可能所获得的模式不满足挖掘任务的需要，此时需要重新进行数据挖掘流程，再次选择数据、采用新的数据变换方法，甚至换一种数据挖掘算法等。

数据挖掘的对象多种多样，可以包含结构化数据源，如关系数据库，也可以包含半结构化数据源或者异构性数据源，如多媒体数据、空间数据、时序数据等。不仅如此，数据挖掘方法和算法也具有多种形式，常用的分析方法主要有分类、聚类、关联规则、预测等。目前，数据挖掘算法主要分为三大类：统计方法、机器学习方法及神经网络方法。统计方法常常分为回归分析、时间序列分析、聚类分析、关联分析、探索性分析等；机器学习方法主要分为归纳学习方法、基于范例学习、遗传算法等；神经网络方法分为前向神经网络、自组织神经网络、多层神经网络、深度学习等。下面介绍数据挖掘中分类、聚合、关联规则与预测模型等相关知识。

二、分类

分类（Classification）问题是数据挖掘领域研究史上一个极为重要的问题。在数据挖掘领域，分类可以当作是从一个数据集到一组预先定义的、非交叠的类别的映射过程。数据挖掘分类方法的主要研究内容就是映射关系的生成及映射关系的应用。文中的映射关系是指我们常说的分类函数或分类模型，而映射关系的应用则是指我们使用分类器将数据集中的数据项划分到给定类别中的某一个类别的过程。

通常来说数据分类包含两个步骤：构建模型和模型应用。

①构建模型：通过分析有属性描述的数据集元组来构建模型。数据元组即样本、实例或对象，用于建模而被分析的数据元组的集合形成了训练集，训练集中的样本即是训练元组。为了保证构建的模型与原始数据的分布匹配且可用，我们需要从样本群中随机选取训练样本。

②模型应用：在分类器使用之前，我们要对评估模型进行预测，只有模型的准确率可以达到某种标准时，可以用它来对类标号未知的数据元组或对象进行分类。模型在给定测试数据上的准确率是指测试样本被模型正确分类的百分比，对于每个测试样本，将已知的类标号和该样本被分类模型预测的类标号进行比较，从而判断测试样本是否被准确分类。在分类过程中需要注意的是，如果将训练数据用作测试数据，则模型的预测准确率将过分乐观，因为学习模型倾向于过分的拟合训练数据。因此，采取交叉验证法会使模型的预测更加准确，即从原始数据集中随机选取独立于训练样本的测试数据。

构建模型时采用的分类方法有很多，如决策树、贝叶斯、人工神经网络、k-近邻等单一的分类方法；除此之外还有将单一分类算法组合在一起的集成学习算法，如 Bagging 和 Boosting。

（1）决策树（Decision Tree）

决策树是用于分类和预测的主要技术之一，决策树学习是以实例为基础的归纳学习算法，它着眼于从一组无次序、无规则的实例中推理出以决策树表示的分类规则。构造决策树的目的是找出属性和类别间的关系，用它来预测将来未知类别的记录的类别。它采用自顶向下的递归方式，在决策树的内部节点进行属性的比较，并根据不同属性值判断从该节点向下的分支，在决策树的叶节点得到结论。

主要的决策树算法有 ID3 算法、CART 算法、PUBLIC 算法、PRINT 算法等。它们在选择测试属性采用的技术、生成的决策树的结构、剪枝的方法及时刻、能否处理大数据集等方面都有各自的不同之处。

(2) 贝叶斯 (Bayes)

贝叶斯分类算法是一类利用概率统计知识进行分类的算法，如朴素贝叶斯 (Naive Bayes) 算法。这些算法主要利用 Bayes 定理来预测一个未知类别的样本属于各个类别的可能性，选择其中可能性最大的一个类别作为该样本的最终类别。由于贝叶斯定理的成立本身需要一个很强的条件独立性假设前提，而此假设在实际情况中经常是不成立的，因而其分类准确性就会下降。为此就出现了许多降低独立性假设的贝叶斯分类算法，如 TAN 算法，该算法是通过在贝叶斯网络结构的基础上增加属性对之间的关联来实现的。

相比较其他算法，贝叶斯分类算法优点在于综合先验信息和样本信息，可以发现数据之间的因果关系，适用于处理不完整的数据集，当数据信息获取困难时，该算法特性表现尤为明显。

(3) 人工神经网络 (Artificial Neural Networks)

人工神经网络是一种应用类似于大脑神经突触连接的结构进行信息处理的数学模型。在这种模型中，大量的节点相互连接构成网络，即神经网络，以达到处理信息的目的。神经网络通常需要进行训练，训练的过程就是网络进行学习的过程。训练改变了网络节点的连接权的值，使其具有分类的功能，经过训练的网络就可用于对象的识别。

目前，神经网络已有上百种不同的模型，常见的有 BP 网络、径向基 RBF

网络、Hopfield 网络、随机神经网络、竞争神经网络等，但是当前的神经网络仍普遍存在收敛速度慢、计算量大、训练时间长和不可解释等缺点。

（4）k- 近邻（k-Nearest Neighbors）

k- 近邻算法是一种基于实例的分类方法，是根据测试样本在特征空间中 k 个最近邻样本中的多数样本的类别进行分类。该方法主要思想是：首先，产生训练集，训练集按照已有的分类标准划分成离散型数值类；其次，以训练集的分类为基础，对测试集每个样本寻找 k 个近邻，采用某种距离算法作为样本间的相似程度的判断依据；最后，当类为连续型数值时，测试样本的最终输出为近邻的平均值，当类为离散值时，测试样本的最终输出为近邻类中个数最多的那一类。

k- 近邻算法简单直观，易于实现，不产生额外的数据来描述规则，它的规则在于训练数据本身，但是该算法分类速度慢，时间和空间复杂度高，对样本库容量依赖性较强，在实际应用中的限制较大。

（5）支持向量机（Support Vector Machine）

支持向量机是 Vapnik 根据统计学习理论提出的一种新的学习方法，它的最大特点是根据结构风险最小化准则，以最大化分类间隔构造最优分类超平面来提高学习机的泛化能力，较好地解决了非线性、高维数、局部极小点等问题。对于分类问题，支持向量机算法根据区域中的样本计算该区域的决策曲面，由此确定该区域中未知样本的类别。

（6）基于关联规则的分类

关联规则挖掘是数据挖掘中一个重要的研究领域。近年来，对于如何将关联规则挖掘用于分类问题，学者们进行了广泛的研究。关联分类方法挖掘形如 condset → C 的规则，其中 condset 是项的集合，而 C 是类标号，这种形式的规则称为类关联规则。关联分类方法一般由两步组成：第一步用关联规则挖掘算法从训练数据集中挖掘出所有满足指定支持度和置信度的类关联规则；第二步使用启发式方法从挖掘出的类关联规则中挑选出一组高质量的规则用于分类。

属于关联分类的算法主要包括 CBA 算法、ADT 算法、CMAR 算法等。

(7) 集成学习 (Ensemble Learning)

实际应用的复杂性和数据的多样性往往使得单一的分类方法不够有效。因此，学者们对多种分类方法的融合即集成学习进行了广泛的研究。集成学习已成为国际机器学习界的研究热点，并被称为当前机器学习4个主要研究方向之一。

集成学习是一种机器学习范式，它试图通过构建多个个体学习器，再用某种策略将它们结合起来，产生一个有较好效果的强学习器来完成任务，可以显著提高学习系统的泛化能力，常见的算法有 Bagging、Boosting 等。

三、聚类

聚类分析 (Clustering Analysis) 是数据挖掘领域中一个重要的研究课题。聚类是指对一个已给的数据对象集合，将其中相似的对象划分为一个或多个组 (称为"簇"，Cluster) 的过程。同一个簇中的元素是彼此相似的，而与其他簇中的元素相异。聚类分析作为独立的工具有着广泛的应用场景，并且常常作为数据挖掘中的其他部分 (如特征和预测) 的预处理过程。传统的聚类算法主要分为划分方法、层次方法、基于密度的方法、基于网格的方法及基于模型的方法。

(1) 划分方法 (Partitioning Method)

划分方法是指给定一个数据库 D，用户输入要获取聚类簇的个数 k，随机将 D 划分成 k 个对象，每个对象初始地代表一个簇的平均值或中心，剩余每个对象根据其到簇中心的距离，被划分到最近的簇；然后重新计算每个簇的平均值。不断重复这个过程，直到所有的样本都不能再分配为止。划分方法的代表算法有 K-medoids 算法、K-means 算法等。

(2) 层次方法 (Hierarchical Method)

层次方法顾名思义就是要一层一层地进行聚类。层次聚类既可以从下而上的把小的簇进行合并，也可以从上而下地将大的簇进行分裂。所谓从下而上的合并簇是指每次找到距离最短的两个簇，将其合并成一个较大的簇，直至全部合并为一个簇。自上而下的分裂簇是指一开始将所有的对象置于一个簇中，在迭代的每一步中，一个簇被分裂为更小的簇，直到最终每个对象在单独的一个簇中，或者达到一个终止条件。

层次方法最大的优点在于能够一次性地得到整个聚类的过程。但是该方法缺点也比较显著，一方面需要计算数据点的距离导致计算量较大；另一方面采用的是贪心算法，得到的局部最优解不一定是全局最优解。层次方法的代表算法有 BIRCH 算法、CURE 算法等。

（3）基于密度的方法（Density-based Method）

绝大多数划分方法基于对象之间的距离进行聚类，这样的方法只能发现球状的簇，而在发现任意形状的簇上遇到了困难。基于密度的方法旨在解决这个问题，其主要思想是：只要邻近区域的密度（对象或数据点的数目）超过某个阈值，就继续聚类。换句话说，给定类中的每个数据点，在一个给定范围的区域中必须至少包含某个数目的点，以便过滤掉噪声及孤立点数据，发现任意形状的簇。常见的基于密度的聚类算法有 DBSCAN 算法、OPTICS 算法等。

（4）基于网格的方法（Grid-based Method）

基于网格的聚类方法首先将数据空间划分成有限个单元的网格结构，所有处理都是以单个单元为对象，聚类操作都在这些单元形成的网格上进行。该方法的主要优点是处理速度快，且处理时间独立于数据对象的数目，只与量化空间中每一维的单元数目有关。其主要代表方法包括统计信息网络、小波转换方法和聚类高维空间等。

（5）基于模型的方法（Model-based Method）

基于模型的聚类方法试图优化给定的数据和某些数学模型之间的适应性。它为每一个簇假定一个模型，寻找数据对给定模型的最佳拟合。一个基于模型的算法可能通过构建反映数据点分布的密度函数来定位聚类。它同时也基于标准的统计数字自动决定聚类的数目，考虑噪声数据或孤立点，从而产生健壮的聚类方法。基于模型的方法主要有两类：统计学方法和神经网络方法。

四、关联规则

关联规则（Association Rules）是反映一个事物与其他事物之间的相互依存性和关联性，如果两个或多个事物之间存在一定的关联关系，那么，其中一个事物就能通过其他事物预测到。关联规则是数据挖掘的一个重要技术，用于从大量数据中挖掘出有价值的数据项之间的相关关系。

在关联规则挖掘领域尤为经典的例子就是啤酒和尿布的故事，通过顾客放入购物篮中不同商品之间的关系来分析顾客的购物习惯，发现美国妇女们经常会叮嘱丈夫下班后为孩子买尿布，大约三四成的丈夫会同时购买喜爱的啤酒，超市就将尿布和啤酒放置在一起以增加超市的营业额。这种例子其实在我们生活中比比皆是，如超市的牛奶与面包、淘宝的相关推荐等。这些都是由于发现事物与事物之间的关联关系，让组织或企业能够更好地发展。关联规则凭借自己能够有效地捕捉到数据间的重要关系，并且具有形式简洁、易于理解等特点，所以其已经成为近年来数据挖掘领域中一个热门研究对象。

关联规则及其相关的定义描述如下。

设 $I=\{i_1, i_2, \cdots, i_m\}$ 是一个项目集合（项集），数据集 $D=\{t_1, t_2, \cdots, t_n\}$ 是由一系列具有唯一标识 TID 事务组成，每个事务 $t_i(i=1, 2, \cdots, n)$ 都对应上的一个子集。

定义 2-1：设 $X \subset 1$，项集 X 在数据集 D 上的支持度（Support）是包含 X 的事务在 D 中所占的百分比，即

$$Support(X) = \{t \in D | X \subseteq t\| / |D|。 \qquad (2-1)$$

对项集 I 和事务数据库 D，t 中所有满足所有用户指定的最小支持度的非空子集，称为频繁项集。在频繁项集中挑选出所有不被其他元素包含的频繁项集成为最大频繁项集。

定义 2-2：若 X、Y 为项集，且 $X \cap Y = \varnothing$，则蕴涵式 $X \Rightarrow Y$ 称为关联规则，

项集 $X \cup Y$ 的支持度称为关联规则 $X \Rightarrow Y$ 的支持度，记作 $Support(X \Rightarrow Y)$，即

$$Support(X \Rightarrow Y) = Support(X \cup Y)。 \qquad (2-2)$$

定义 2-3：一个定义在 I 和 D 上的形如 $X \Rightarrow Y$ 的关联规则，是通过满足一定的置信度（Confidence）来定义的。所谓规则的置信度是指包含 X 和 Y 的事务数与包含 X 的事务数之比，即

$$Confidence(X \Rightarrow Y) = Support(X \cup Y) / Support(X)。 \qquad (2-3)$$

定义 2-4：对项集 I 和事务数据库 D 来说，满足最小支持度和最小置信度的关联规则称为强关联规则，否则为弱规则。

一般来讲，关联规则的挖掘问题可以分解为以下两个子问题：①查找频繁项集，这些项集出现的频率满足最小支持度，即这些项集在数据库中的频繁性不小于最小支持计数。②生成关联规则，从频繁项集中生成所有置信度不小于最小置信度的关联规则。

在这两个步骤里面，第二步要相对容易一些，所以目前大部分工作都集中在第一步，其主要原因在于海量数据的处理对算法的效率及可扩展性提出了较高的要求。如何高效地发现所有频繁项集成为关联规则挖掘的核心问题，现阶段根据挖掘策略的不同，查找频繁项集大致有 3 种策略：经典查找策略，基于精简集查找策略及基于最大频繁项集查找策略。

经典查找策略：该策略旨在查找频繁项集集合的全集，包括基于广度优先搜索策略如 Apriori 算法及基于深度优先搜索策略如 FP-Growth 算法。这两类算法各有利弊，在不同领域产生的效果也不同。

基于精简集查找策略：对比经典查找错策略，该算法并不查找频繁项集的全集，而是查找它的一个子集，即精简集，然后利用精简集衍生出完成的频繁项集的全集。该算法能一定程度上提高规则挖掘的效率，常用的精简集主要有 Closed 集及 Free 集。现阶段挖掘精简集的主要算法包括 A-close 算法等。

基于最大频繁项集查找策略：该策略旨在查找最大频繁项集的集合，最大频繁项集是指当且仅当它本身频繁而它的超集都不频繁。由此可得，最大频繁

项集就是所有频繁项集的集合。基于该思想的算法主要有 MAFIA 算法、Depth Project 算法等。

五、预测模型

一般来说，预测方法大致分为定性预测和定量预测。定性预测主要是根据事物的性质和特点及过去和现在的有关数据，对事物做非数量化的分析，然后根据这种分析对事物的发展趋势做出判断和预测，其特点在于简单易行，耗时少，应用时间长。定量预测则是以一定的数学方法对历史统计数据进行分析从而建立模型，以模型为主对事物的未来做出判断和预测的数量化分析。定性研究与定量研究的结合，是科学预测的发展趋势。在实际预测工作中，应该将定性预测和定量预测结合起来使用，即在对系统做出正确分析的基础上，根据定量预测得出的量化指标，对系统未来走势做出判断。常用的预测模型主要有回归预测模型、时间序列预测模型、马尔可夫预测模型、灰色预测模型等。

（1）回归预测模型

回归预测模型也有多种类型，根据相关关系中自变量的个数不同，可分为一元回归分析预测模型和多元回归分析预测模型。在一元回归分析预测模型中，自变量只有一个，在多元回归分析预测模型中，自变量有两个及以上。根据自变量和因变量之间的相关关系不同，又可分为线性回归预测和非线性回归预测。该预测方法首先根据预测目标，明确自变量和因变量，其次构建回归预测模型并进行相关检验，最后应用回归方程进行预测。

回归预测模型技术成熟，预测过程简单，能将预测对象的影响因素分解，逐一分析各因素的变化情况，从而估计预测对象的未来变化。但是回归预测模型误差较大，有时难以找到合适的回归方程。

（2）时间序列预测模型

时间序列分析是一种广泛应用的数据分析方法，通过分析代表某一现象的一串随时间变化而又相关联的数学系列，从而描述和预测该现象随时间发展变化的规律性。时间序列数据本质上反映的是某个或者某些随机变量随时间不断变化的趋势，而时间序列预测问题的核心就是从数据中挖掘出这种规律，并利用其对将来数据做出估计。采用该分析方法进行预测时需要用到一系列的模型，这种模型统称为时间序列模型。使用时间序列模型时，总是假定某种数据变化模式会重复发生，所以需要提前识别这种模式，然后采用外推的方式进行预测。

时间序列预测模型的优点在于计算数据获取简单，并能很好地被决策者所理解，对于中短期预测往往会起到很好的预测作用。

（3）马尔可夫预测模型

马尔可夫是俄国著名数学家，马尔可夫预测法是现代预测方法中的重要一种，其具有较高的科学性、准确性和适应性，广泛应用在自然科学和经济管理领域。马尔可夫预测模型是将时间序列看作一个过程，通过对事物不同状态的初始概率与状态之间的转移概率进行研究，确定状态变化趋势，预测事物的未来变化。当我们需要知道一个事物经过一段时间之后的未来状态，或由一种状态转移到另一种状态的概率时，就可以应用该模型进行预测。

目前，马尔可夫预测模型广泛应用在语音识别、词性自动标注、音字转换、概率文法等应用领域。该预测模型经过长期发展，在语音识别领域已经成为一种通用的统计工具。到目前为止，它一直被认为是实现快速精确的语音识别系统的最成功的方法。

（4）灰色预测模型

灰色预测模型是以灰色系统理论为基础构建出来的模型体系，该理论认为系统的行为现象尽管是模糊的，数据是复杂的，但是数据是具有整体功能的有序数据。在构建灰色预测模型之前，需要对原始时间序列进行数据处理，经过数据预处理后的数据序列成为生成列。此处的数据预处理不是寻求数据的统计规律和概论分布，而是通过一定的方法处理，将杂乱无章的原始数列变成有规律的时间序列数据，即灰色系统理论建立的不是原始数据模型，而是生成数据模型。

　　灰色预测通过分析系统因素之间发展趋势的差异程度，并对原始数据进行生成处理来寻找系统变化的规律，生成具有规律性的数据序列，然后建立相应的微分方程模型，从而预测事物未来发展的趋势。该模型与其他模型相比不需要有大量样本，所需样本不需要具有规律性，预测比较准确，精度较高，但是只适用于中短期的预测和指数增长的预测。

第五节　大数据挖掘工具

　　大数据挖掘（Data Mining）是计算机科学分支的一个交叉学科。它可以在较大的数据集中提炼模式，主要利用的是人工智能、机器学习、统计学和数据库的交叉方法。数据挖掘计算的主要目的是将有用的信息从一个较大的数据集中提取出来，并将其转化成人们需要的结构，以供进一步使用。数据挖掘就是在较大数据库中提取目标数据的过程。除了原始分析步骤，它还涉及数据库和数据管理方面、数据预处理、模型与推断方面考量、兴趣度度量、复杂度的考虑，以及发现结构、可视化及在线更新等后处理。其本质上属于机器学习的范畴。所以我们一般研究这些数据挖掘算法，即新的学习模型或学习方法，来提高分析预测结果的准确性。同时我们还应该关注如何提升数据挖掘计算的效率，现今的解决方案是利用分布式和并行计算的技术。为了方便普通用户的使用，工业界已经开发出了一批具备机器学习算法和大规模分布式并行计算算法的开发框架，普通用户无须了解机器学习算法的细节，只需稍微了解分布式存储和并行计算模型即可。用户通过调用框架提供的接口就可以轻松应用复杂的机器学习算法实现数据挖掘，本小节主要就是简单介绍一些机器学习系统和大数据挖掘工具。

一、Mahout

(1) Hadoop

现如今，每天都在产生越来越多的数据，如用户在购物网站上都浏览了什么商品，在问答网站中搜索了哪些问题。我们会发现当我们浏览过一个商品之后，我们会不断发现这类商品会经常出现在我们的首页中，搜索量大的问题，就会出现在排行榜的前几位。那我们只需要一个排序算法就可以了？确实这些数据都是通过算法获得的，但是这些数据量是十分巨大的，我们无法将数据全部都提取到内存中运算，我们如果只让一台机器来运算，我们无法在可接受的时间内获得结果。于是便提出了分布式运算的概念，即让多台计算机协同运算。Hadoop 的功能，就是让这些计算机分工的同时，联合在一起。

Hadoop 是一个分布式系统的基础架构，它由 Apache 基金会开发，用户无须了解分布式计算的底层细节，便可轻松开发分布式系统。它向上提供了强大的运算和存储能力，向下可以管理机群的协同运算。其中存储和计算便是整个框架的核心：HDFS 为海量数据提供了存储的支持，允许用户在低廉的硬件上部署，而且其提供了非常高的吞吐量，可以让拥有大量数据集的应用程序从中进行存取；MapReduce 为海量的数据提供运算支持，它允许用户在不了解分布式计算底层细节的条件下开发分布式并行的应用程序，充分利用集群的优势，解决了传统单机运算无法解决海量数据的不足。

(2) Mahout

Apache Mahout 是一个由 Java 语言实现的开源的可扩展的机器学习算法库。Apache Mahout 最初源于 Apache Lucene 社区的一些机器学习爱好者，主要实现了一些聚类和分类算法应用在文本搜索中，该社区最初基于文章"Map-Reduce for Machine Learning on Multicore"。后来它逐渐脱离出来，成为独立的子项目。2010 年，它成为 Apache 顶级的项目。Mahout 具有高吞吐、高并发、高可靠性的特点，能高效地实现聚类、分类和协同过滤等机器学习算法，并且处理的效率和数据规模远远大于 R、Python、MATLAB 等传统的数据分析平台，其主要原因就在于 Mahout 算法是基于 Hadoop 大数据平台的。它不仅可以单机运算，也可以在 Hadoop 平台上分布式并行运算。它通过 Hadoop框架，将机器学习算法运行在 MapReduce 之上，将算法的中间步骤和中间数据记录在 HDFS 分布式文件系统中，这让其可以在拥有大规模数据的机器学习任务中游刃有余。

　　Mahout 意为驭象者（图 2-4），叫它这个名字是因为它和 Hadoop 的密切联系，后者将大象作为它的标志（图 2-5）。

图 2-4　Apache Mahout 的官方标志　　　　**图 2-5　Apache Hadoop 官方标志**

　　2014 年，Mahout 官方宣布，不再更新基于 MapReduce 的算法实现，转而支持 Scala，同时支持多种分布式引擎，如 Spark 和 H2O，但是 Spark 框架本身提供了 MLlib 机器学习算法库，所以多数人并不看好 Mahout。经过多年的发展，Mahout 变得越来越成熟稳定。现在 Mahout 是一个分布式线性代数框架，支持类似 R 的 DSL 以支持线性代数运算，支持多个分布式后端。表 2-2 是Mahout 支持的机器学习算法。

表 2-2　Mahout 支持的机器学习算法

算法分类	算法名称及介绍
分布式线性代数算法	分布式 QR 分解
	分布式随机主成分分析
	分布式随机奇异值分解
预处理器	AsFactor——用于"独热编码"
	平均中心
	标准化数据——用于计算平均中心和单位方差
回归	普通最小二乘法
	Cochrane Orcutt Procedure
	杜宾—瓦森检验
聚类	Canopy Clustering
	距离度量
推荐／协同过滤	Non-distributed recommenders
	Distributed Recommenders

二、Spark MLlib

（1）Spark

Apache Spark 是一个开源的基于内存的分布式并行计算框架，由加州大学伯克利分校的 AMPLab 开发。由于 Spark 在诞生之初就是基于内存而设计的，因此它比一般的数据分析框架有着更高的处理性能，提高了在大数据运算环境下程序对数据处理的实时性，同时保证了传统大数据平台所支持的高容错性和高伸缩性。并且对多种编程语言都有良好的兼容，如对 Java、Scala 及 Python等语言提供编译支持，使得用户可以使用多种编程语言对其进行编程设计，这大大降低了用户的学习成本，提高了程序的可维护性。

和 Hadoop 一样，Spark 也封装了大数据通用计算算法，可以使程序设计人员和数据分析师在不了解分布式计算底层细节的情况下，就可以像编写一个普通数据处理程序一样对大数据应用程序设计分析计算。和 Hadoop 不同的是，Spark 是一个计算框架，而 Hadoop 广泛地说是一个大数据生态系统，其中包括计算框架 MapReduce 和分布式文件系统 HDFS。Spark 的出现可以弥补 MapReduce 的不足，可以说是 MapReduce 的替代方案，它兼容了 Hadoop 底层的 HDFS 等分布式存储系统，可以融入 Hadoop 生态系统中。

和 Hadoop 相比，Spark 的数据运算效率更高。因为 Hadoop 的计算都要将结果输出到磁盘中存储数据，对磁盘的吞吐率带来了很大的挑战，所以 Spark 的优势就在于设计之初就考虑到了这一点，它可以将数据分析的结果保存在分布式框架的内存中，从而使得下一步的运算不再频繁地读写 HDFS，大大降低了磁盘 I/O 的延迟，使得数据分析更加快速。

（2）MLlib

MLlib 是一个专门构建于 Spark 大数据平台之上的，并发式高速机器学习算法库，它比其他普通的数据处理引擎要快得多，主要原因就是它采用了先进的内存存储的计算技术。

Apache 的研究人员还在对 MLlib 机器学习库进行不断地更新，不断地将更多的机器学习算法添加其中，如统计、分类、聚类、回归等。表 2-3 是 MLlib 支持的机器学习算法。

表 2-3　MLlib 的算法和工具类

算法	工具类	算法	工具类
分类和回归	线性模型	算法评测	AUC
	朴素贝叶斯		准确率
	决策树		召回率
	RF 和 GBDT		F-measure
聚类	K-means	降维	SVD
	LDA		PCA

续表

算法	工具类	算法	工具类
特征抽取	TF-IDF	优化	随机梯度下降
	StandardScaler		L-BFGS
	Word2Vec	统计	相关性
	Normalizer		分层抽样
	ChiSqSelector		假设检验
推荐	ALS	关联规则	Fp-growth

MLlib 的目的就是对预处理后的数据进行分析，从而得到包含数据内容的最终结果。MLlib 是 Spark 框架的运算核心，在最初就为其设计了"分而治之"的数据处理模型，将数据分发到各个节点中进行相应的计算。然后根据数据之间的相关性来设计层层递进的处理逻辑。这个过程可以根据业务逻辑需要具体开发，可以避免大数据运算平台所需要的节点间大规模数据传输。这样的好处是节省了时间，提高了效率。

同时 MLlib 借助了函数式编程思想，编程人员在编写程序时不用考虑函数的调用顺序，只须关注其数据。MLlib 本身就是用运行在 JVM 上的一种函数式编程语言——Scala，这使得 MLlib 有很强的可移植性，即"一次编写，到处运行"。

（3）MLlib 简介

MLlib 的主要数据类型分为向量、labeledpoint、各种模型类等。

1）向量

向量（Vector）通过 import org.apache.spark.mllib.linalg.{Vector, Vectors} 来使用，它分为稀疏型向量和稠密型向量，稀疏向量只储存不为零的项。

2）labeledpoint

labeledpoint 是一个带标注（label）的向量，用于监督学习算法，也分为稀疏型和稠密型，这里规定标注是 double 类型。

3）各种模型类

训练算法输出的就是模型类，如逻辑回归模型是 org.apache.spark.mllib. classification.LogisticRegressionModel。

常用的接口为以下几种。

LogisticRegressionModel.load（）：将一个训练好的模型直接载入。

LogisticRegressionModel.predict（）：进行一次输入预估。

LogisticRegressionModel.save（）：将训练好的模型以文件形式保存，以供 load（）加载。

MLlib 库主要分为分类、聚类、回归、推荐等模块，如表 2-4 所示。

表 2-4　MLlib 主要类库

类库	功能	算法
mllib.classification	分类算法（二分类、多分类）	逻辑回归、朴素贝叶斯、SVM 等
mllib.clustering	聚类算法	K-means、LDA
mllib.regression	回归算法	线性回归、岭回归、Losso 和决策树等
mllib.recommendation	推荐	基于矩阵分解的协同过滤
mllib.tree	树	决策树、随机森林等

除了这些核心的算法，还有一些辅助处理的模块，如表 2-5 所示。

表 2-5　MLlib 其他类库

其他常用类库	功能	算法
mllib.stat	基础统计	计算最值、均值、方差等
mllib.feature	特征处理	数值归一化
mllib.evaluation	算法效果衡量	
mllib.linalg	基础线性代数运算支持	奇异值分解、降维

这里只简单介绍 MLlib 库中一些常用的功能，具体细节这里就不一一展开了，读者可以参考 Spark 的官方文档，Spark 的文档丰富翔实并且同时配备示例程序。

此外，查询一个类中的接口的一个更方便的办法就是在 spark-shell 中输入类名，如查询 X 类下面有多少个接口时输入 import org.apache.spark.mllib.X，然后按 TAB 键。

三、其他数据挖掘工具

虽然 Apache Mahout、Spark MLlib 提供了基于大数据平台并行化的机器学习算法，一体化地解决了大数据运算的分布式存储、并行计算及机器学习算法的实现，但是仍然不能解决用户存在的可编程性、灵活性这一问题。因为具体算法的实现都写到了框架内部，我们无法修改其实现过程，如果想要修改，就需要重新编译源码。例如，用户想用聚类算法 K-means，如果对实现方式没有特殊需求，那么直接调用框架提供的 K-means 算法即可实现。但是，Spark MLlib 内部使用的两个向量间的距离是欧式距离。如果用户必须用余弦或者马氏距离，就得重新编译源码了。这对数据分析员造成了很大的挑战，因此业界也设计实现了一些其他的机器学习系统和大数据挖掘工具。

（1）SystemML

SystemML 在 2015 年由 IBM 开源，于 2015 年 8 月 27 日在 GitHub 上公开发布，并于 2015 年 11 月 2 日成为 Apache Incubator 孵化项目。Apache Software Foundation 在 2017 年 5 月 31 日宣布将 Apache SystemML 孵化毕业，自此成为 Apache 顶级项目。SystemML 使用了声明式机器学习（Declarative Machine Learning，DML），就像 R 语言和 Python 一样，可以更容易、更自然地表达机器学习算法。然后再将这种语言自动编译成作业可以在 Spark 平台上运行，如图 2-6 所示。SystemML 最大的优势就是可以根据数据规模的大小和设计人员的用途来弹性地规划多种执行模式，在数据量庞大时可以在 Spark、Hadoop 这样的大数据平台上执行，当数据分析员只是想测试一下模型的可用性时，还可以以单机的形式调试参数。

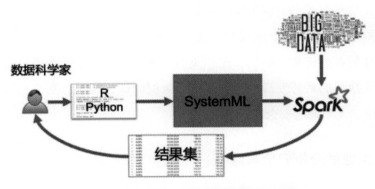

图 2-6　SystemML 基于大数据解决方案

（2）GraphLab

GraphLab 是由 CMU（卡内基梅隆大学）的 Select 实验室在 2010 年提出的一个基于图像处理模型的开源图计算框架，框架使用 C++ 语言开发实现。该框架是面向机器学习的流处理并行计算框架，可以运行在单处理机的单机系统或者集群等多种条件下。GraphLab 将数据抽象成 Graph 结构，将算法的执行过程抽象成 Gather、Apply、Scatter 3 个步骤。其并行的核心思想是对顶点的切分。由于 GraphLab 是由 C++ 语言开发的，其性能非常高，可以高效地处理大规模的图算法问题，或者可以归结为图问题的机器学习或数据挖掘问题。

第六节　大数据安全

在大数据时代，随着信息量的与日俱增及大数据向各个行业领域的渗透，大数据的数据价值也得到越来越多人的认可。但大数据在迅猛发展的同时也带来了不少问题，如数据面临泄露的风险，数据的完整性、可用性和保密性难以通过传统的安全工具加以维护。正是因为大数据对国家、企业、个人具有重要的作用，并具有很高的研究价值，所以大数据安全成为现在学术界和企业研究的热点。我们在使用和发展大数据的同时，也容易出现大数据引发的个人隐私安全、企业信息安全乃至国家安全问题。没有安全，发展就是空谈，数据安全是大数据得以发展的前提，必须将其摆在重要的位置。

本节介绍并分析与大数据安全相关的问题，详细讨论大数据分析安全与隐私、基于大数据的威胁发现技术、基于大数据的认证技术、基于大数据的数据真实性分析、大数据的安全防护策略。

一、大数据分析安全与隐私

大数据技术的发展赋予了大数据安全区别于传统数据安全的特殊性。在大数据时代新形势下，数据安全、隐私安全乃至大数据平台安全等均面临新威胁与新风险。相对于传统数据的安全保护，大数据的安全保护更加复杂。具体来看，大数据安全主要面临以下几个方面的问题。

（1）大数据成为网络攻击的主要目标

在网络空间中，大数据成为更容易被发现的目标，大数据低价值密度的特性为黑客发起攻击提供了更多的机会。一方面，大数据不仅意味着海量的数据，也意味着更复杂、更敏感的数据，这些数据会吸引更多潜在的攻击者，成为更具吸引力的目标；另一方面，数据的大量聚集、低价值密度，使得黑客一次成功的攻击能够获得更多的数据，这无形中增加了攻击的"收益率"。

（2）大数据加大隐私泄露的风险

大数据场景下无所不在的数据收集技术、专业多样的数据处理技术，使用户很难确保自己的个人信息被合理收集、使用与清除，进而削弱了用户对其个人信息的自决权利。同时，大数据资源开放和共享的诉求与个人隐私保护存在天然矛盾，为追求最大化数据价值，滥用个人信息几乎是不可避免的，这使个人隐私处于危险境地。此外，利用大数据技术进行深度关联分析、挖掘，可以从看似与个人信息不相关的数据中获得个人隐私，个人信息的概念就此泛化，保护难度直线上升。大数据技术还可能引发自动化决策带来的"数字歧视"等社会公平性问题，如针对特定个人施加标签以划分等级或进行价格歧视等差别化待遇，侵害公民合法权益。

（3）大数据处理过程中产生的数据安全问题

在一些大数据平台上，服务商摒弃了以往繁杂的物理设备配置，部署了大量的虚拟技术，基础设施的虚拟性使得数据的安全防护与处理过程存在一定的风险。如在处理一些大规模的数据时，需要信息管理进行严格的身份认证与访问控制权限的设置，保障数据信息只能由具有权限的人获得，以免一些不具有相应权限的人访问或操作数据。但大数据平台的虚拟性与基础设施的脆弱性，使数据在处理过程中很有可能受到非法攻击、伪装身份侵入、篡改与窃取等，造成数据的安全性难以保障。

（4）大数据存储带来新的安全挑战

大数据集中的后果是复杂多样的，数据存储在一起，如开发数据、客户资料和经营数据存储在一起，可能会导致违规地将某些生产数据放在经营数据存储位置的情况，造成企业安全管理不合规矩。大数据的大小影响到安全控制措施能否正确运行。对于海量数据，常规的安全扫描手段需要耗费过多的时间，已经无法满足安全需求。大数据的数据类型和数据结构是传统数据不能比拟的，在大数据的存储平台上，数据量是非线性甚至是以指数级的速度增长的，各种类型和各种结构的数据进行数据存储，势必会引发多种应用进程的并发且频繁无序的运行，极易造成数据存储错位和数据管理混乱，为大数据存储和后期的处理带来安全隐患，大数据安全防护面临巨大挑战。

（5）大数据技术被应用于攻击手段

当企业和个人利用数据分析和数据挖掘获取大数据价值的同时，黑客也在利用这些大数据技术向企业和个人发起攻击。黑客最大限度地收集更多有用的信息，如社交网络、邮件、微博、电子商务、电话和家庭住址等信息，为发起攻击做准备，大数据分析让黑客的攻击更精准。此外，黑客可以利用大数据发起"僵尸网络攻击"，同时控制上百万台电脑，相比传统的单点攻击其具有不可估量的破坏性。

(6) 大数据成为高级可持续攻击的载体

黑客利用大数据攻击很好地隐藏起来，用传统的防护策略难以检测出来。传统的检测是在单个时间点进行的基于威胁特征的实时匹配检测，而高级可持续攻击（APT）是一个实施过程，并不具有能够被实时检测出来的明显特征，无法被实时监测。同时，APT 攻击代码隐藏在大量数据中，很难被发现。此外，大数据的低价值密度性，让安全分析工具很难聚焦在价值上，黑客可以将攻击隐藏在大数据中，给安全服务提供商的分析造成很大困难。黑客设置的任何一个会误导安全厂商目标信息提取和检索的攻击，都会导致安全监测偏离应有的方向。

二、基于大数据的威胁发现技术

大数据的威胁发现技术的出现，使企业可以超越以往的"保护（Protection）—检测（Detection）—响应（Reaction）—恢复（Recovery）"（PDRR）模式，更主动地发现潜在的安全威胁。例如，IBM 推出了名为 IBM 大数据安全智能的新型安全工具，可以利用大数据来侦测来自企业内外部的安全威胁，包括扫描电子邮件和社交网络，标示出明显心存不满的员工，提醒企业注意，预防其泄露企业机密。又如众所周知的棱镜计划，如果换一个角度来理解，它就是运用大数据的挖掘分析主动发现威胁的成功案例：事先收集全球各地的海量数据，并整合、挖掘、分析，从而发现可能对当局造成威胁的因素，并在这些威胁尚未浮出水面时及时处理和解决。

相比于传统技术，基于大数据的威胁发现技术具有以下优点。

①分析内容的范围更大。传统的威胁分析主要针对各种安全事件，但一个企业的信息资产则包括数据资产、软件资产、实物资产、人员资产、服务资产和其他为业务提供支持的无形资产。因传统威胁检测技术的局限性，并不能覆盖这6类信息资产，所以其能发现的威胁是有限的。而通过在威胁检测方面引入大数据分析技术，可更全面地发现针对这些信息资产的攻击。例如，可以通过对企业的客户部订单数据的实时分析，发现一些异常的操作行为，进而判断是否会危害公司利益。分析内容范围的扩大使得基于大数据的威胁检测更加全面。

②分析内容的时间跨度更长。现有的许多威胁分析技术都具有内存关联性，即实时收集数据，采用分析技术发现攻击，分析窗口通常受限于内存大小，无法应对持续性和潜伏性攻击。而引入大数据分析技术后，威胁分析窗口可以横跨若干年的数据，因此威胁发现能力更强，可以有效对 APT 类攻击。

③攻击威胁的预测性。传统安全防护技术大多是在攻击发生后对攻击行为进行分析和归类，并做出响应，缺乏预见性。而基于大数据的威胁分析，可进行超前的预判，对并未发生的攻击行为进行预防。

④对未知威胁的检测。传统的威胁分析常由经验丰富的专业人员根据企业需求和实际情况展开，威胁分析结果很大程度上依赖于个人经验，分析所发现的威胁是已知的。而大数据分析的特点则侧重于普通的关联分析，不侧重因果分析，因此通过采用恰当的分析模型，可发现未知威胁。

虽然基于大数据的威胁发现技术具有以上优点，但目前也存在一些问题和挑战，其主要在于对结果分析的精准度。一方面，大数据收集的数据来源很难做到全面；另一方面，大数据分析能力的不足也会影响威胁分析的准确性。

三、基于大数据的认证技术

基于大数据的认证技术指的是收集用户行为和设备行为数据，并对这些数据进行分析，获得用户行为和设备行为的特征，进而通过鉴别操作者行为来确定其身份，这与传统认证技术利用用户所知秘密、所持有凭证或具有的生物特征来确定其身份有很大不同。

传统的认证体系其实也面临着安全问题，一是对于用户而言，攻击者总是能找到方法来骗取本只有用户自身才知道的信息或窃取用户所持有的凭证，从而通过认证，展开攻击。二是对于硬件安全而言，虽增加了安全性，但也加重了用户负担（如携带硬件 USB key），甚至当用户忘记携带相关硬件时，连自身都无法通过验证，降低了便利性，即使是近年兴起的生物认证技术也存在部分缺陷，如生物信息（如指纹、掌纹等）被盗取后，客户无法修改自身信息，面临后续威胁，且生物识别准确性也存在问题，如人脸识别随着年龄的增长而变化，指纹识别因手指受伤或划痕而无法通过验证，声音识别因咽喉嘶哑而不被系统认可等，而大数据可以提供多维度的身份识别，将用户的多种生物特征进行比对，同时结合用户的行为特征，提高身份识别准确性。

相较于传统的认证体系，该技术有以下优点。

①攻击者很难模拟用户行为特征来通过认证，因此更加安全。利用大数据技术所能收集到的用户行为和设备行为数据是多样的，包括用户使用系统的时间、经常采用的设备、设备所处物理位置，甚至于用户的操作习惯数据。通过这些数据的分析能够为用户勾画一个行为特征的轮廓。而攻击者很难在方方面面都模仿到用户行为，因此其与真正用户的行为特征轮廓必然存在一个较大偏差，无法通过认证。

②减小用户负担。用户行为和设备行为特征数据的采集、存储和分析都由认证系统完成。相比于传统认证技术，极大地减轻了用户负担。例如，用户无须记忆复杂的口令，或者随身携带硬件 USB key。

③可以更好地支持各系统认证机制的统一。基于大数据的认证技术可以让用户在整个网络空间采用相同的行为特征进行身份认证，而避免传统不同系统采用不同认证方式和用户所知秘密或所持凭证各不相同而带来的种种不便。

虽然基于大数据的认证技术具有以上优点，但同时也存在一些问题和挑战亟待解决。

①初始阶段的认证问题。基于大数据的认证技术是建立在大量用户行为和设备行为数据分析基础上，而初始阶段不具备大量数据，因此无法分析出用户行为特征，或者分析的结果不够准确。

②用户隐私问题。基于大数据的认证技术为了能够获得用户的行为习惯，必然要长期持续地收集大量的用户数据，那么怎样在收集和分析这些数据的同时，确保用户隐私也是亟待解决的问题。它是影响这种新的认证技术是否能够推广的主要因素。

四、基于大数据的数据真实性分析

目前，基于大数据的数据真实性分析被广泛认为是最有效的办法。许多企业已经开始了这方面的研究工作，如 Yahoo 和 Thinkmail 等利用大数据分析技术来过滤垃圾邮件；新浪微博等社交媒体利用大数据分析来鉴别各类垃圾信息。

基于大数据综合分析能有效提升真假信息甄别水平。一方面，引入大数据分析可以获得更高的识别准确率。例如，对于点评网站的虚假评论，可以通过收集评论者的大量位置信息、评论内容、评论时间等信息进行分析，鉴别其评论的可靠性，如果某评论者对某品牌多个同类产品都发表了恶意评论，则其评论的真实性就值得怀疑。另一方面，引入人工智能的机器学习技术，建立和优化模型，可以进一步提升真假信息的鉴别能力，发现更多具有新特征的垃圾信息，并随着机器学习和算法模型的进化而不断优化，甚至有可能超过人工鉴别能力。大数据时代的到来，定然会有更多更新、更丰富的安全技术应运而生。

五、大数据的安全防护策略

大数据技术带来了发展机遇也带来了安全风险和挑战，利用大数据技术加快经济发展的同时，应及时加强相应安全保障措施。下面从构建大数据保护基本框架、数据分类分级、构建大数据生命周期管控措施 3 个方面来加强大数据安全防护。

（1）构建大数据保护基本框架

针对大数据技术发展带来的安全风险，应尽快完善国内大数据安全防护框架，成立大数据安全保障相关组织和部门，建立健全法律法规及相关政策；针对不同领域特点和安全需求，各行业应尽快出台标准和实施指南，形成相关指导文件，以数据架构驱动并提高企业架构治理的成熟度，加强内控和监管，做好事前预防、事中监督和事后问责等系列工作。完善并规范数据的分类分级管理，针对数据生命周期涉及的各环节建立健全的流程规范。大数据安全框架示意如图 2-7 所示。

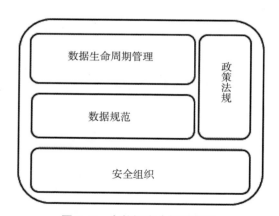

图 2-7 大数据安全框架示意

（2）数据分类升级

为统筹管理数据，方便提供有针对性的保护，可将数据按照政府数据、关键基础设施数据、个人信息等不同类型进行划分，结合所收集数据敏感程度，建立相关标准，细化数据分级标准的粒度；平衡公民知情权和敏感信息、隐私之间的关系，明确应公开、透明的数据，将与国家、个人、商业等有关的敏感数据分别进行重点保护，以安全有效的管理方式促进数据良性循环并产生价值。

（3）构建大数据生命周期管控措施

为减少大数据使用带来的安全风险，应加强对大数据生命周期各环节的管控能力，针对大数据的收集、利用及管理方面开展风险分析，及时填补安全治理漏洞，形成安全可控的数据产业链。数据生命周期如图 2-8 所示。

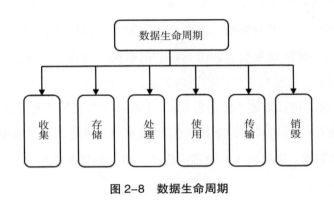

图 2-8　数据生命周期

1）数据收集

数据收集作为生命周期的第一个环节，应引起相应的重视并加强管控力度，强调并规范数据获取中涉及的义务、方式与渠道，如企业在数据收集过程中，以足够引起用户注意的方式告知用户被采集信息及用途，并需获得用户的同意；通过法律法规及宣传加强个人与企业对数据的保护意识，整合现有数据收集工具和流程，通过合法渠道和技术手段收集所需数据，严惩并杜绝黑市交易与买卖数据现象。

2）数据存储

随着云计算、人工智能、大数据技术的快速发展，跨境存储在全球各地的数据中心已成为大规模数据发展趋势，同时也带来较大的安全风险。面对国内行业因业务需要跨境存储、国外公司进入国内市场提供服务支持两种情况，在遵守服务器所在国（地区）的相关法律的同时，亟须完善我国数据落地存储相关法律法规，以公平的协议维护数据存储权利。此外，在存储个人信息方面，应尊重个人隐私和个人财产安全。由于个人成长过程会在工作学习、生活消费等各方面各阶段持续留存个人相关信息，因此应对此类数据存储时间提出限制要求，如对不再活跃账号的相关信息不可永久性存储。

3）数据处理和使用

大数据技术存在将不敏感数据片段汇聚、挖掘、推理得出敏感信息的风险，因此应严格规范对数据的挖掘、聚合等分析操作。加强基于数据内容的安全访问控制和上下文访问控制策略，对基于一组敏感信息的上下文分析行为进行记录和审计，防止数据聚合技术的滥用；明确数据在分享、交易、管理等过程中涉及的社会关系，以及数据之间的逻辑关系；对敏感数据的存储采取单元抑制、数据库分离、噪声和扰动等手段，通过加入干扰项来防止敏感数据推理事件发生；确定主体对客体的执行操作，明确访问授权原则，为使用和管理数据的人员分配相应权限和期限，通过技术和管理手段提高数据处理及使用的安全保障措施。

4）数据传输

目前，数据跨境流动分为两种模式：一是数据过境传输；二是数据被境外访问。企业通过数据跨境流动扩展了业务范围，提高了服务水平，但也随之涉及敏感数据跨境问题。因此，需要进一步明确数据分类和限制要求，建立符合我国国情的数据跨境管理策略，规范可跨境流通的数据类型；限制数据共享及交易范围，追踪及管控数据出境行为；加强跨疆界数据保护和执法的合作力度，推进国际合作，邀请多方参与程序和行为准则的制定环节，以有效执法和企业问责制为前提，承认彼此的数据保护框架，在数据价值保护上达成一致，打破受制于人的局面。

5）数据销毁

目前，数据销毁方式分为两种类型，逻辑销毁和物理销毁。针对不同存储方式的数据明确其销毁方式，结合已认证、认可的销毁工具产品，严格遵循国内、国际标准实施销毁流程，并评估此销毁方式后数据可恢复性，以达到可信销毁目的。

第七节　大数据的典型类型及应用

大数据技术日益成熟，大数据应用也越来越广泛，很多行业都会受到大数据分析能力的影响。人们几乎每天都能看到大数据的一些新奇的应用，它帮助人们获取真正有用的价值。大数据朝着个性化、智能化、产业化三大趋势发展，大数据资源化并与各个应用方向的有效结合，从而发挥出大数据的巨大作用。大数据应用基本上呈现出互联网领先，其他行业积极效仿的态势，而各个行业的数据共享已经成为趋势。

一、互联网大数据及应用

互联网企业在大数据应用中处于领先地位，并逐步深入其他行业中。互联网企业开展大数据应用拥有得天独厚的优势，拥有大量的数据和强大的技术平台，同时掌握大量的用户行为数据，并且已经开始实现数据业务化，利用大数据发现新的商业价值。

互联网大数据主要包括用户的基础数据、协议类型数据、业务类型数据。其中基础数据包括用户的账户信息、搜索记录等，传达用户在一定时间经常看的网站和关注的信息；协议类型数据，在一定程度上反映出用户的消费能力；业务类型数据包括用户选择的游戏、阅读的书籍、音乐等，显示出用户的兴趣、爱好。互联网通过大数据分析技术，实现数据的资源化，能够实现对不同领域的纵深研究。

首先应用到互联网企业的是对用户的标签化管理。就是依托现代信息技术建立个性化的顾客沟通服务体系，实现企业可度量的低成本扩张之路。收集用户网络行为数据、服务行业数据、用户偏好数据等信息，并标签化。从多维度对用户特征进行构建和刻画，包括用户的社会属性、生活习惯、消费行为等，从而揭示用户的性格特征。有了大致的用户画像，企业才能真正了解用户的所需所想，尽可能做到以用户为中心，为用户提供舒适快捷的服务。

通过大数据的分析技术，实现互联网精准营销，大数据的应用主要体现在以下几个方面。

（1）网络广告精准投放

从传统盲目地采用传单、广告的手段营销，转向借助先进的网络通信技术、数据库技术等科技手段，充分挖掘其消费潜力，进而实现个性化、精准化的商品信息展示，提高广告的投放效率，实现新客户的转换。

（2）控制营销成本

传统营销的特点为中间渠道杂多，成本较高。通过大数据技术分析提高运输、仓储与配送效率，减少不必要的物流成本，并以高度分散物流为保障，降低营销成本。

（3）精准市场定位

市场定位要求从各种角度，如客户认知、客户需求及竞争者等，来综合考虑企业所提供的产品应当满足的人群。网络化的营销模式，对客户或者消费者的行为进行精准的衡量和分析，建立数据体系对客户进行优选。实现从局限于定性的市场定位到量化、精准的转变。

（4）营销服务

通过各种现代化信息传播工具，对客户提供一对一的沟通服务，直接与客户或消费者进行沟通。根据已有客户的信息，购物过程中所浏览的产品记录，分析消费者的消费习惯、需求及心理。

二、商业大数据及应用

互联网行业的高速发展带动了商业经济的大变革，商业经济已经变成了全球经济一体化的参与者，并在发展中呈现出流动性、互补性、融合性等特征。大数据的发现，让企业的管理者看到了其在商业经济中的价值，也被越来越多的企业所利用。大数据的利用能给企业提供更好的管理方案和经营方案，也为企业的健康成长和可持续发展做出很大贡献。对大数据的分析应用是企业在发展过程中必不可少的新契机，通过大数据的应用，企业在发展过程中做出科学合理的决策，把企业与客户需求准确对接，为企业在发展中减少成本，增加效益。

（1）优化企业决策

人的消费观念不断变化，并对服务的质量提出了高要求、高标准。企业管理者因此需要从客户的角度来看待问题，需满足保留老客户，挖掘新客户的需求，并且突出自身的特色，制定出适合客户的服务方向。将收集到的大量数据进行数据分析来优化企业运营中的各个环节和过程，通过数据分析的业务优化和重组，把业务流程和决策过程中具有的潜在价值挖掘出来，充分考虑市场的要求和变化。依据大数据对市场真实有效的反应，为企业做出合理的决策方案，从而降低管理者的主观判断风险。

（2）优化企业运营

在互联网高速发展的时代，传统的数据处理方式已经无法满足企业的运营需求，而大数据技术的应用可以实现数据的离线处理，实现企业优化运营。大数据技术的运营不仅能够提高数据处理效率，还能够更好地满足客户的需求，通过建立客户需求结构图，利用需求结构图来精准定位市场，提高产品的销售率，降低运营成本。商业思维的模式在商业环境巨大变化的影响下，也发生了改变。企业管理者意识到传统经营模式的弊端，开始引进先进管理理念，明确企业内部分工，优化组织结构，增强团队意识，挖掘员工潜能，紧跟时代发展步伐，提高企业的社会竞争力。

三、金融大数据及应用

金融行业过去的大数据应用以分析自身财务数据为主、以提供动态财务报表为主，以风险管理为主。在大数据价值变现方面，开展得不够深入，每个行业处于数据孤立状态。大数据技术能够有效地将同一用户在不同行业的金融信息融合起来，实现数据共享，数据对于行业的效用也发生了质的改变，由参考转为依赖。

随着大数据在金融领域的应用程度不断加深，其对金融领域产生的影响也逐渐加大，大数据在金融行业的应用主要表现在以下 4 个方面。

（1）精准营销

基于大数据的互联网金融通过海量数据建立销售模型，不但能够分析用户的消费倾向，还将用户的信用能力纳入其中，得出综合性强的数据，据此准确定位目标客户，根据用户喜好量身打造金融产品，提升用户的满意程度。此外，利用大数据技术可以根据不同用户的喜好精准推送产品详细介绍信息，提升信息传递的效率，且目的性更强。基于大数据的互联网金融精准营销也有效避免了用户浏览大量垃圾信息，实现企业和用户的双赢。

（2）风险管控

金融机构可以应用大数据技术对客户的总资产、资金流水、业务经营活动等数据进行全面的监控和分析，从而增强其对客户情况的了解，利用客户社交行为记录实施信用卡反欺诈，降低违约、金融诈骗等风险的发生概率，从而降低机构经营风险，以此来保证金融机构的经营安全性。

（3）效率提升

金融机构利用大数据技术对自身的运行情况进行分析，可以较为精准地了解业务运营薄弱点，并采取措施对其加以完善。利用大数据技术加快内部数据处理速度，提升机构运行效率、降低运行成本。

（4）产品设计

通过大数据智能分析得出的数据，可以为企业设计人员提供用户所需要的设计元素，如分析用户群体的年龄、消费能力、消费兴趣等，推测用户需求的金融服务。为设计者提供新的设计思路，使设计出的产品更具有针对性，更加满足用户的使用需求，甚至目前很多金融产品可以实现用户自行设计购买方案，十分便捷。

四、交通大数据及应用

大数据技术就是从不同结构、类型的数据中发现、获取有价值的数据的技术。在交通领域，大数据技术的应用比较广泛，大数据整合了基础数据、运行数据、行业数据、调查数据等各类数据，其中基础数据是指城市规划、人口、轨道交通线网、地面交通线网等基础数据；运行数据包括交通卡口、出租车系统、公交系统、轨道闸机等；行业数据主要包括统计局、规划局、公安局、环保局、公交公司、轨道交通公司统计数据；调查数据包括居民出行调查、道路交通调查、公共交通调查、专项辅助等调查数据。

利用大数据相关技术，对数据进行整合、综合分析，基于大量的交通数据开发的智能交通预测、智能交通疏导等人工智能应用可以实现对整体交通网络进行智能控制。指定科学的城市交通治理策略和预案，提高交通控制的精度，灵活智能地对城市交通进行治理，提供丰富的交通应用，提升城市的运行效率和人民群众的生活质量。

结合大数据，打造畅通、便捷、安全的智能交通体系，全面提升交通管理和综合决策的科学化水平，大数据技术在智能交通领域的应用主要体现在以下几个方面。

(1) 实现智能出行

利用大数据技术可以实现对交通数据实时收集、快速分析处理，并通过预测模型做出交通预测，监管部门根据预测信息发布交通路况，提醒出行者关注路况，可以使出行者减少行驶时间、缩短行驶距离。

(2) 交通路网规划

借助交通大数据分析能够快速获取城市客流量信息，分析路网的同行能力，评估潜在的拥堵风险，及时了解车辆信息，避免盲目等待，提供居民交通出行建议，交通资源得到合理分配。

（3）交通执法

借助交通大数据分析能够快速获取城市堵点、交通事故点、违法高发点、违章占道等实时道路信息，为交警动态勤务管理模式提供有效支撑，真正把交警执勤工作从单纯的量化中解脱出来，向质量并举的勤务模式迈进。

（4）出行安全性

大数据的实时性、可预测性及快速处理信息的能力保障能够对气候环境、交通事故、道路质量等引发交通事故发生可能性的原因进行实时分析，使得交通系统对事故主动预警，对驾驶员进行必要的风险判断提示，从而有效降低事故发生的可能性，提高交通出行安全性。

五、地理空间大数据及应用

地理空间大数据是指带有地理坐标的数据，包括资源、环境、经济和社会等，是地理实体的空间特征和属性特征的数字描述。在大数据技术对地理信息产业的影响下，通过地理信息采集的大数据化，实现大数据与传统的地理信息技术的有效融合。通过探测和遥感所产生的数据、历史数据和"过时的"数据，经过合理的技术处理和完善，实现了大数据的乘数式增长，形成地理空间大数据池。同时，随着数据采集途径的不断增加，地理信息数据出现并被获取的速度在加快，频率在提升，数据内容在不断丰富。

在网络新技术环境下，地理空间大数据新技术取得了重大发展，具备了前所未有的空间数据管理、数据加工、数据分发、空间模拟、挖掘分析等功能，为各个应用领域的辅助决策提供了强有力的支持，能够协助相关部门更好地预测未来的发展方向，掌握经济建设发展规律，实现科学决策。

（1）公共服务

在公共地理空间信息服务平台提供公交车线路、公共自行车租赁、公交IC卡充值点、停车状态、单行线路和实时路况等信息，并实现动态变化信息，如公共自行车租赁、停车位状态和实时路况等信息的实时更新。住房信息服务可以提供新建楼盘的分布、周边公共服务配套情况的查询，以及房产中介机构信息查询等。

在现有技术的实际运用中，地理空间大数据技术在公共安全信息情报的收集方面发挥着关键性作用。城市公共安全信息应包括自然环境调查和经济社会现状调查。利用空间大数据技术，可以快速获取相关信息，为灾害应急管理提供准确、实时的信息。

（2）传统产业的改造

随着网络技术、空间技术、地理信息技术继承应用的不断深入，传统产业通过在生产和服务的各个环节提高自动化水平，实现了智能化、现代管理的升级，逐步实现了高技术化改造，形成了系列化的应用产品和应用典范，促使传统产业实现转型升级，推动地理空间大数据技术的应用领域加速扩大。

（3）基于位置的服务

采用无线定位、GIS 等相关的定位技术，借助互联网和地理空间大数据，提供基于空间位置的服务，并已在新一代交通工具中得到广泛应用。

（4）智能应用

电网智能化的发展，离不开先进的技术，如传感和测量技术等，需要借助高速双向通信网络，辅之以先进的技术应用，从而推动电网的安全有效发展。智能电网具有自愈性，可以抵御攻击，通过各种类型的发电方式接入，提供满足用户需求的电能。实现电力最优化调度、实时故障检测、快速故障恢复等。

六、医疗健康大数据及应用

很久以前，医疗行业就遭遇海量数据、半结构化和非结构化数据的挑战与机遇。大数据的出现为海量医疗数据的分析挖掘提供了可能。新一代医学技术的出现，也标志着医学研究已经进入大数据时代。

医疗健康大数据是指通过电子病历、病案监测、生物数据、公共卫生信息、医保数据等多渠道获取医疗数据。通过数据结构化、图像分析、智能检测等技术，其在临床决策支持、药物研发、疾病监控和健康管理等领域有着广泛应用。医疗健康大数据具有数据体量巨大、增长处理速度快、数据结构多样化和应用价值高等特征，获取、转化及分析大数据的速度和能力成为各国生命经济发展的新引擎。

大数据的应用也改变了传统的医疗服务模式，使得医疗领域有了新的样式。

（1）具体医疗领域

疾病疫情预测。通过用户在互联网上搜索数据，并结合当代环境因素、气候情况、国内人员流动等要素建立疾病预测模型，利用搜索引擎的记录进行分析，可以对全国各地的疾病疫情进行有效预测。

精准化疾病诊疗。存储个人的各个时段的医疗信息，查看身体改变状况，及时更改治疗方案，进行精准化治疗。可以根据基因组大数据实现个体化治疗，并且可为靶向用药提供有效的治疗指导。

公共健康检测。通过可穿戴设备实时采集个人的血压、心率、体重、血糖、心电图等数据，建立即时健康运动方案，提高自身的身体素质，医生可利用数据对患者的健康状况进行分析，指定出防御措施和建议，实施个性化的健康管理。

（2）具体医疗服务技术领域

大数据的医疗服务应该基于医疗物联网和现代医学传感器技术，全视角、多维度、全时长的医疗数据采集和医疗人工智能的辅助分析或诊断。

医疗机构病房实时监控。将仪表分析盘与各个病房相连接并与现有的医疗信息基础建设相融合，使医疗机构可以对患者病房实时监控，有助于医护人员快速有效地依据综合因素指定诊疗计划，极大提高医疗效率。

第三章

人工智能的平台——云计算

第一节　云计算的概念与发展

一、云计算概念

云计算（Cloud Computing）是一种商业计算模型。它将计算任务分布在大量计算机构成的资源池上，使各种应用系统能够根据需要获取计算力、存储空间和信息服务。随着并行计算（Parallel Computing）、分布式计算（Distributed Computing）和网格计算（Grid Computing）的发展，云计算概念自提出以来，其内涵不断丰富。美国国家标准与技术研究院（National Institute of Standards and Technology，NIST）给出的定义是：一种新的资源使用模式，它用户能通过网络随时、随地、快捷、按需地访问一个可快速部署和配置，仅需少量管理和交互，包括各种网络资源、服务器资源、存储资源、软件资源和服务的资源池。维基百科则将其定义为：计算资源，尤其是数据存储和计算能力的按需可用性，且无须用户的直接主动管理。工业和信息化部给出的定义是：一种通过网络统一组织和灵活调用各种ICT（Information Communication

Technology）资源，实现大规模计算的信息处理方式。它利用分布式计算和虚拟资源管理等技术，通过网络将分散的 ICT 资源（包括计算与存储、应用运行平台、软件等）集中起来形成共享的资源池，并以动态按需和可度量的方式向用户提供服务。

上述云计算的各种定义都强调了两个概念：按需服务和计算资源池。按需服务符合效用计算概念；计算资源池则涉及虚拟化技术。因此，云计算是虚拟化、效用计算、基础设施即服务 IaaS（Infrastructure as a Service）、平台即服务 PaaS（Platform as a Service）和软件即服务 SaaS（Software as a Service）等概念混合演进的结果，是并行计算、分布式计算和网格计算的商业实现。

二、云计算的发展历程

云计算的诞生经历了长时间的孕育和发展，其发展至今，主要经历了以下 4 个阶段。

第一阶段：理论完善阶段。核心理论技术日趋成熟，多种云服务初现。

1959 年，克里斯托弗（Christopher Strachey）发表了学术论文 "Time Sharing in Large Fast Computers"，首次提出虚拟化的基本概念，成为"云计算"基础架构的基石。

1966 年，Douglas Parkhill 在其 *The Challenge of the Computer Utility* 一书中，详尽讨论了云计算的各种模型。

1997 年，南加州大学教授 Ramnath K. Chellappa 提出"云计算"的第一个学术定义，认为计算的边界可以不是技术局限，而是经济合理性。

1999 年，Salesforce 成立，SaaS（Software as a Service，软件即服务）成为最早出现的云服务，Marc Andreessen 创建第一个商业化的 IaaS（Infrastructure as a Service，即基础设施即服务）平台 Loud Cloud。

2005 年，Amazon 发布 Amazon Web Services "云计算"平台，次年相继

推出弹性计算云 EC2（Elastic Computer Cloud）服务和简单存储服务 S3（Simple Storage Service）为企业提供按需的计算和存储服务。

2006 年 8 月，Google 首席执行官埃里克·施密特在搜索引擎大会上首次提出云计算（Cloud Computing）的概念。

第二阶段：服务形成阶段。云服务的 3 种形式全部出现，多方纷纷推出云服务。

2007 年 10 月，Google 与 IBM 开始在卡内基梅隆大学、麻省理工学院、斯坦福大学、加州大学伯克利分校及马里兰大学等美国大学校园推广云计算计划，旨在降低分散式计算技术在学术研究方面的成本，并为这些大学提供相关的软硬件设备及技术支持。

2007 年 11 月，IBM 首次发布云计算商业解决方案，推出"蓝云"（Blue Cloud）计划，为客户提供即买即用的云计算平台。

2008 年 4 月，Google App Engine 发布，Google 将其定位为"让程序员可打造软件，但又无须担心未来若既有软硬件设施不够用时，还需另外重建"。

2008 年 7 月，HP、Intel 和 Yahoo 联合创建云计算试验平台 Open Cirrus。

2008 年 10 月，微软推出了 Windows Azure 操作系统，是继 Windows 取代 DOS 之后，微软的又一次颠覆性的转型——在互联网架构上打造新云计算平台。

2008 年 12 月，Gartner 披露十大数据中心突破性技术，虚拟化和"云计算"上榜。

第三阶段：快速发展阶段。云服务功能日趋完善，传统 IT 企业纷纷向"云"转变。

2009 年 4 月，VMware 推出云操作系统 VMwarevSphere4。

2009 年 7 月，中国首个企业"云计算"平台诞生（中化企业"云计算"平台）。

2009 年 11 月，中国移动"云计算"平台"大云"计划启动。

2010 年，微软宣布其 90% 员工将从事云计算及相关工作。

2010 年 4 月，戴尔推出源于 DCS 部门设计的 PowerEdgeC 系列云计算服务器及相关服务。

2010 年 7 月，美国国家航空航天局和 Rackspace、AMD、Intel、戴尔等厂商共同宣布"OpenStack"开放源代码计划；微软在 2010 年 10 月表示支持 OpenStack 与 Windows Server 2008 R2 的集成；Ubuntu 把 OpenStack 加至 11.04 版本中。

2011 年 2 月，思科系统正式加入 OpenStack，重点研制 OpenStack 的网络服务。

2013 年，甲骨文公司全面展示了甲骨文最新"云计算"产品。

2014 年，阿里云启动云合计划，希望将自己的服务平台打造成国内云计算的"公共电网"。该计划拟招募 1 万家云服务商，基于阿里云计算平台，为企业和政府等客户提供云服务，构建适应 DT 时代的云生态体系。

2015 年，华为在北京正式对外宣布"企业云"战略，发布面向金融、媒资、城市及公共服务、园区、软件开发等多个垂直行业的企业云服务解决方案，致力于为客户提供企业级的 ICT 基础设施服务。

2016 年，腾讯云战略升级，发布"云 +CDN"（CDN，内容分发网络）、"黑石—混合云 plus"全新升级产品，并宣布云出海计划。

第四阶段：成熟阶段。通过深度竞争，已逐渐形成主流云计算平台产品和标准。亚马逊 AWS、微软 Azure、阿里云、IBM Cloud、谷歌云成为全球领先的云计算平台。云计算发展进入成熟阶段，市场格局相对稳定，产品和产业规模增速放缓。

三、云计算的特点及优势

云计算具有以下特点及优势。

①虚拟化。虚拟化是云计算最为显著的特点。通过应用虚拟和资源虚拟，

物理平台与应用部署的空间依赖被突破，用户可以在任意位置、使用各种终端从"云"中获取所请求的资源和服务，而无须了解其具体位置。

②按需服务。在云计算环境中，一切皆服务，硬件、软件、存储、计算、网络等资源均以服务的形式提供和访问，用户按应用需要针对性地购买服务。

③动态可扩展。目前，市场上大多数 IT 资源、软件、硬件都支持虚拟化，云计算采用资源虚拟池对各种虚拟化要素进行统一管理，因此兼容性非常强，并可以利用动态扩展功能，将自身所需的已有业务及新业务进行扩展，确保任务得以有序完成。

④高可靠性。云计算使用数据多副本容错、计算节点同构可互换等措施来保障服务的高可靠性。单点服务器出现故障可以通过虚拟化技术将分布在不同物理服务器上面的应用进行恢复或利用动态扩展功能部署到新的服务器上进行计算，因此比使用本地计算、存储资源更加可靠。

⑤经济性。集约和自动化的管理大幅降低了资源管理成本，公用性和通用性大幅提升了资源的利用率，使得云计算具备前所未有的性能价格比。

第二节　云计算的分类

一、云计算按部署模式分类

按照云计算服务的运营和使用对象的不同，云计算有 3 种不同的部署模式，分别为：私有云、公有云和混合云（表 3-1）。

表 3-1　云计算按部署模式分类类型

部署模式	定义	典型实例
私有云	企业／机构构建的内部"云"，所有服务仅供内部人员或分支机构使用，不直接对外开放，包括部署于企业自建数据中心的自建私有云和部署于安全的主机托管场所的托管私有云	Ebay
公有云	企业／机构构建的为外部客户提供服务的"云"。在公有云中，云提供商负责公有云服务产品的安全管理及日常操作管理等，外部用户通过网络访问云服务	Amazon、Googele Apps、Windows Azure
混合云	企业／机构构建的供自己和客户共同使用的云。一般由两个或者多个云（私有云、公有云）组成	实际应用较少

　　云计算源于作为内部解决方案的私有云，虚拟、动态、实时分享等技术最初都是以满足内部的应用需求为目的。随着技术发展和商业需求，才逐步形成对外服务的公有云。进而，私有云、公有云和混合云的不同部署模式带来了不同的安全边界。在私有云计算模式下，企业拥有基础设施，能够对数据、安全性和服务质量进行全面控制；在公有云计算模式下，由于用户不负责基础设施的关联，因而对程序和数据的物理安全、逻辑安全的掌控及监管程度较低。混合云兼有公有云和私有云的安全特性。在混合云计算模式下，用户通常在其中的公有云上运行非核心应用，而在私有云上运行涉及内部敏感数据的核心应用。

二、云计算按服务模式分类

　　不同形态的云服务，从服务的内容上主要可分为基础设施即服务（IaaS）、平台即服务（PaaS）和软件即服务（SaaS）（表 3-2）。

表 3-2　云计算按服务模式分类类型

服务模式	定义	典型实例
基础设施即服务 (IaaS)	将计算、存储、数据和网络设备等 IT 基础设施作为一种服务提供给用户	Amazon S3、SQL Azure、Amazon EC2、Zimory、Elastichosts
平台即服务 (PaaS)	将应用设计、开发、测试和托管等软件研发和部署平台作为一种服务提供给用户	Force.com、Google App Engine、Windows Azure (Platform)
软件即服务 (SaaS)	将应用软件的功能作为一种服务提供给用户	Google Docs、Salesforce CRM、SAP Business by Design

　　IaaS、PaaS 和 SaaS 各有优势，选择哪种服务模式，取决于用户的特定需求。

　　IaaS 的优势在于灵活性和定制化。云计算供应商提供了丰富的计算和存储实例，能够满足用户多样化的性能需求。一些供应商还提供了裸机服务器，允许用户自主配置他们的云计算服务器，就像购买硬件在自己的数据中心部署一样。

　　PaaS 的优势与 IaaS 相似。由于隐藏了底层实现细节，管理 PaaS 比 IaaS 需要更少的时间、更低的技术门槛，但也丧失了部分灵活性。而与 SaaS 相比，PaaS 的易用性较差，大多数 PaaS 产品需要用户具备一些基本的编程知识。

　　SaaS 是最流行的云服务形式，其最大优势就是易于使用，基本不需要用户具有任何 IT 技能。但程序和数据的安全性是 SaaS 的主要缺点。例如，服务供应商可能有权访问用户的隐私数据，带来数据泄露风险。

第三节　云计算技术

一、云计算技术体系架构

（1）云计算系统架构

云计算的类型多种多样，不同的厂家又提供了不同的解决方案，目前还没有统一的系统架构。综合多种解决方案，图 3-1 给出了一个概括性的云计算系统架构，自下而上大致分为 4 个层次：物理资源层、资源池层、管理中间件层和 SOA 构建层。

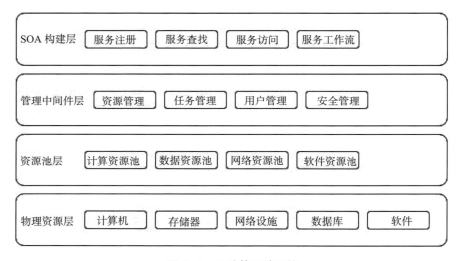

图 3-1　云计算系统架构

物理资源层。物理资源层是云服务的实现载体，包括计算机、存储器、网络设施、数据库和软件等 IT 软硬件资源。

资源池层。资源池层将大量相同类型的资源组织成同构或接近同构的资源池，如计算资源池、数据资源池、网络资源池、软件资源池等。

管理中间件层。管理中间件层负责资源管理和应用任务调度，包括资源管理、任务管理、用户管理和安全管理等功能。

SOA 构建层。SOA 构建层将云计算能力封装成标准的 Web Services 服务，并纳入 SOA 体系进行管理和使用，包括服务注册、服务查找、服务访问和服务工作流构建等。

上述 4 个层次，物理资源层是基础，资源池层和管理中间件层是关键，SOA 构建层是"门户"。

（2）云计算技术体系

图 3-1 系统架构的实现涉及多种技术，是分布式计算、互联网技术、大规模资源管理等技术的融合与发展。如图 3-2 所示，相关技术主要可分为以下 4 个方面。

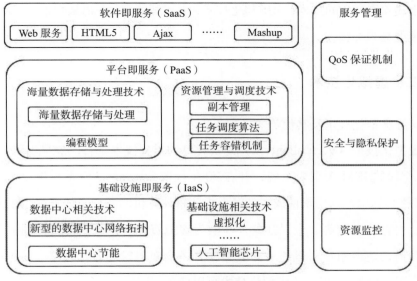

图 3-2　云计算技术体系

　　IaaS 关键技术：IaaS 层是云计算的基础，是上层云计算服务得以实现的保证。为实现弹性、可靠的基础设施服务，IaaS 层的核心技术为数据中心相关技术和基础设施相关技术。前者的研发重点是新型的数据中心网络拓扑和有效的数据中心节能技术；后者的研发重点则是虚拟化和人工智能芯片等硬件基础设施相关技术。

　　PaaS 关键技术：PaaS 层作为 3 层服务的中间层，既要为 SaaS 层服务提供简单、可靠的分布式编程框架，又需要屏蔽 IaaS 层的系统复杂性。因此，海量数据存储与处理技术和资源管理与调度技术是 PaaS 层的核心技术。前者包括海量数据存储与处理、编程模型；后者包括副本管理、任务调度算法、任务容错机制。

SaaS 关键技术：SaaS 层面向云计算终端用户，提供基于各种网络的软件应用服务。由于应用环境的复杂性，SaaS 层涉及的关键技术更加多样化。Web 服务、HTML5、Ajax、Mashup 等技术都是 SaaS 层的关键技术。

服务管理关键技术：服务管理技术用以保证云计算核心服务高效、安全地运行，主要包括 QoS 保证机制、安全与隐私保护、资源监控。

上述 4 个方面的技术，以虚拟化技术、人工智能芯片、海量数据存储与处理、编程模型最为关键。

二、虚拟化技术

（1）虚拟化技术及其优势

虚拟化技术（Virtualization）是云计算的重要技术基石，最早出现在 20 世纪 60 年代的 IBM 大型机系统，并在 70 年代的 System 370 系列中逐渐流行起来。其核心思想是利用软件或固件管理程序将计算机的各种实体资源，如服务器、网络、内存及存储等，予以抽象、转换为虚拟资源，打破实体结构间的不可切割的障碍，使得用户可以通过安装和部署多个虚拟机的方式共享、组织和应用这些资源。例如，CPU 的虚拟化技术可以使单 CPU 模拟多 CPU 并行，允许一个平台同时运行多个操作系统。

通过虚拟化技术，计算、存储、网络等资源的管理得以优化，包括以下几个方面。

①更高的使用灵活性。虚拟化支持动态的资源部署和重配置，可满足不断变化的业务需求。资源分区和汇聚可突破个体物理资源的局限，以更小或更大的单元进行分配和组织，可以在不改变物理资源配置的情况下进行规模调整，大幅提升资源服务灵活性和可扩展性。

②更高的经济效益。一方面，虚拟化实现的资源动态共享和更细粒度的资源分配提升了资源的利用率，间接地降低了资源的购置成本；另一方面，虚拟

化可隐藏物理资源的部分复杂性，并通过实现自动化、中央管理来简化资源的维护和管理工作，降低运营成本。

③更高的可用性。虚拟化技术可在不影响用户的情况下对物理资源进行删除、升级或改变，将日常维护操作对服务的影响降到最低；可以通过动态迁移技术，对资源进行方便的备份和还原，大幅缩短故障修复时间，提升服务的可靠运行能力。

④更高的兼容性。虚拟化技术支持应用平台与底层物理环境隔离，极大地降低了底层物理环境变化对应用的影响，并可提供底层物理资源无法提供的多接口和协议的兼容性。

（2）云计算中的虚拟化技术

云计算的虚拟化主要是通过服务器虚拟化、存储虚拟化、网络虚拟化、桌面虚拟化和应用虚拟化实现。

1）服务器虚拟化

服务器虚拟化在云计算虚拟化中最为重要，是将一个或多个物理服务器虚拟成多个逻辑上的虚拟服务器，每个虚拟服务器都有能保证其正常运行的硬件资源抽象。根据虚拟对象的不同，服务器虚拟化技术主要可分为以下几种类型。

CPU 虚拟化。CPU 虚拟化技术将物理 CPU 抽象成多个虚拟的 CPU，提供给若干虚拟机使用。每个客户操作系统可以使用多个虚拟 CPU，各虚拟 CPU 的运行相互隔离，但一个物理 CPU 只能同时运行一个虚拟 CPU 指令。CPU 虚拟化要解决的关键问题是隔离和调度。隔离是指让不同的虚拟机之间能够相互独立地执行命令；调度是指在保证隔离性、公平性和性能的前提下，VMM 决定当前时刻哪个虚拟 CPU 在物理 CPU 上运行。主要的 CPU 虚拟化技术包括 CPU 全虚拟化、CPU 半虚拟化和 CPU 硬件辅助虚拟化技术。

内存虚拟化。内存虚拟化技术把物理内存封装成多个虚拟的物理内存提供给若干虚拟机使用，每个虚拟机拥有各自独立的内存空间。实现内存虚拟化的关键在于合理管理并划分物理内存，构建并维护物理机内存和虚拟机所用内存的映射关系，从而确保虚拟机的内存访问能够在虚拟化内存和物理内存间一致化转换。为提高转换效率，目前主要采用两种实现方式来进行客户机虚拟地址到宿主机物理地址之间的转换。一种是基于影子页表（Shadow Page Table）的纯软件方式；另一种是硬件辅助的 CPU 内存管理单元（Memory Management Unit，MMU）虚拟化。

I/O 设备虚拟化。从处理器的角度看，硬盘、网卡、显卡、键盘、鼠标等外设是通过一组 I/O 资源来进行访问的，因此这些设备的虚拟化被称为 I/O 虚拟化。I/O 设备虚拟化技术将真实的设备封装成虚拟设备供多个虚拟机使用，响应每个虚拟机的设备访问请求和 I/O 请求。由于 I/O 设备的异构性和多样性，导致 I/O 设备的虚拟化更困难和复杂，主要采用的技术包括 I/O 全虚拟化、I/O 半虚拟化、I/O 直通或透传技术。

服务器虚拟化需要满足多实例、隔离性、封装性和高性能的特性。多实例是指一个物理服务器支持多个客户操作系统，可运行多个虚拟服务器。隔离性是指当服务器虚拟化为多个实例时，各实例间能够完全隔离，其中的一个或几个因意外发生崩溃，其他的不受影响。封装性是指一个完整的虚拟机环境对外表现为一个单一的实体，可以在不同的硬件间备份、移动和复制。高性能是指服务器虚拟化的性能损耗应被控制在可承受的范围内。

2）存储虚拟化

存储虚拟化是指将存储网络中分散且异构的存储设备按照一定的策略映射成一个统一的连续编址的逻辑存储空间——虚拟存储池，以实现集中化管理。虚拟化引擎可以屏蔽掉所有存储设备的物理特性，使得存储网络中的所有存储设备对应用服务器是透明的。目前，实现存储虚拟化的方式主要有 3 种。

基于主机的存储虚拟化。通常由操作系统下的逻辑卷管理软件完成，不需要任何附加硬件，虚拟化层作为扩展的驱动模块，以软件的形式嵌入操作系统中，实现与磁盘、磁盘阵列等各种存储设备的连接，并提供各种存储管理功能。这种实现方式主要的缺点是：第一，逻辑卷管理软件运行在主机上，占用主机资源，降低系统性能；第二，不同操作系统需要不同的逻辑卷管理软件，兼容性差；第三，软件嵌入操作系统中，增加主机升级、维护和扩展的难度；第四，数据迁移过程更加复杂。

　　基于存储设备的存储虚拟化。其是在存储控制器上实现虚拟化功能，常见于中高端存储设备（如磁盘阵列等），利用存储设备内置的处理器和嵌入式系统，实现存储虚拟化。这种实现方式不占用主机资源，数据管理功能丰富，但也存在缺点：第一，依赖于提供相关功能的存储模块，往往需要第三方的虚拟软件；第二，一般只能实现对本设备内磁盘的虚拟化；第三，多套存储设备需配置多套数据管理软件，不同厂商的数据管理功能不能互操作。

　　基于网络的存储虚拟化。其主要是在网络设备之间实现存储虚拟化功能，包括基于互联设备和基于路由器两种方式。基于互联设备的虚拟化方法能够在专用服务器上运行，具有基于主机方法的易使用、设备便宜等优点。基于路由器的虚拟化方法是在路由器固件上实现虚拟存储功能。由于路由器潜在地为每一台主机服务，大多数控制模块存在于路由器的固件中，相对于基于主机和大多数基于互联设备的方法，基于路由器的存储虚拟化性能更好、效果更佳，且由于不依赖于在每个主机上运行的代理服务器，这种方法也具有更好的安全性。

　　存储虚拟化将系统中分散的存储资源整合起来，提高了存储资源利用率，降低了系统管理成本。虚拟层数据镜像、数据校验、负载均衡、数据迁移等技术的使用还可以提高数据的可靠性及系统的可用性，提升系统的潜在性能。

　　3）网络虚拟化

　　云计算业务的特点要求其网络满足高速、扁平、虚拟化的要求，不仅需要解决内部的数据同步传送大流量、备份大流量、虚拟机迁移大流量等问题，还需要采用统一的交换网络减少布线、维护工作量和扩容成本。网络虚拟化在不改变传统数据中心网络设计的物理拓扑和布线方式的前提下，可以实现网络各层的横向整合，形成一个统一的交换架构。通常可分为虚拟专用网和虚拟局域网。

　　虚拟专用网。虚拟专用网（Virtual Private Network，VPN）抽象了网络连接，远程用户可以像物理连接一样访问组织的内部网络。虚拟专用网还可以防止来自 Internet 或 Intranet 中其他网段的威胁，使用户能够安全、快速地访问数据。

虚拟局域网。虚拟局域网（Virtual Local Area Network，VLAN）是一组逻辑上的设备和用户，这些设备和用户并不受物理位置的限制，可以根据功能、部门及应用等因素将它们组织起来，相互之间的通信类似在一个物理局域网。

4）桌面虚拟化

桌面虚拟化是指将计算机的终端系统（也称为桌面）进行虚拟化，使得用户可利用任何具备足够显示功能和处理能力的终端设备，通过网络来访问桌面环境，以达到桌面使用的安全性和灵活性。传统的远程桌面技术是接入一个直接安装在物理机器上的操作系统，仅能作为远程控制和远程访问。而桌面虚拟化的技术核心则是将桌面的操作环境与运行环境分离，实现在任何地点，通过非特定设备都可以实现对桌面的访问与操作。

桌面虚拟化可以解除用户的桌面环境和终端设备的耦合关系。对于管理者来说，可以对终端进行集中认证管理，对资源进行统一管理和动态调配。对于用户来说，可以通过特定的身份认证的授权，使用满足接入要求的终端设备就可以方便、灵活地访问自己熟悉的桌面。

5）应用虚拟化

在系统的使用中，应用程序的使用必不可少。各类应用程序不仅对操作系统等系统软件依赖性强，而且应用软件间也存在千丝万缕的依存关系。因此无论是操作系统的更新或是应用程序的改变都有可能造成应用程序之间的冲突。用户为服务器或终端设备安装新的应用时，必须充分考虑并测试各种应用程序之间的兼容性，导致大量人力物力的浪费。为解决这个问题，应用虚拟化技术应运而生。

应用虚拟化技术可以将应用程序的执行文件、运行必需的环境（包括软件环境和硬件环境）都虚拟化出来，以方便管理员和用户使用。对于管理员来说，使用应用虚拟化技术后，更新应用程序时只需更新应用虚拟环境中的应用程序副本即可，而无须处理每个客户端可能出现的不兼容情况。对于用户来说，只需要从服务器上下载应用程序就可在虚拟化环境中直接运行，省略了烦琐的安装过程。

三、人工智能芯片

（1）人工智能芯片的定义及发展历程

人工智能算法，尤其是各种深度学习算法并不需要太多的程序指令，却需要海量数据运算。通用处理器的架构难以满足这种计算需求，各种新的架构被提出，产生了不同类型的人工智能芯片。从广义上说，只要能够运行人工智能算法的芯片都可称为人工智能芯片。但是通常意义的人工智能芯片指的是针对人工智能算法，主要是深度学习算法，做了特殊加速设计的芯片。

作为人工智能核心的底层硬件芯片，人工智能芯片发展至今主要经历了4个阶段。

① 2007 年以前，由于当时算法、数据量等因素，通用的 CPU 芯片基本可满足应用需要，人工智能芯片没有特别强烈的市场需求，也未形成成熟的产业。

②随着 VR、AR 应用的发展，GPU 产品取得快速突破，其适合人工智能算法的特性也被发现，研究人员开始尝试使用 GPU 进行人工智能计算。

③ 2010 年以后，云计算的推广进一步推进了人工智能芯片的深入应用，从而催生了各种人工智能芯片的研发与应用。

④ 2015 年以后，GPU 性能功耗比不高的特点得到关注，针对人工智能的专用芯片开始研发，期望通过更好的硬件和芯片架构进一步提升计算效率、能耗比等性能。

（2）人工智能芯片的主要类型

按架构体系，人工智能芯片可分为 GPU（Graphics Processing Unit，图像处理单元）、半定制化的 FPGA（Field Programmable Gate Array，现场可

编程门阵列）、全定制化的 ASIC（Application-Specific Integrated Circuit，专用集成电路）和类脑芯片。

1）GPU

传统 CPU 计算指令遵循串行执行的方式，未能发挥出芯片的全部潜力，因而不适合人工智能算法的执行。与 CPU 大部分面积为控制器和寄存器不同，GPU 拥有更多的 ALU（Arithmetic Logic Unit，逻辑运算单元）用于数据处理，更适合对密集型数据进行并行处理。面向通用计算的 GPU（General Purpose GPU，通用计算图形处理器）已成为加速可并行应用程序的重要手段。

目前，GPU 已经发展到较为成熟的阶段。谷歌、Facebook、微软、Twitter 和百度等公司都在使用 GPU 处理图片、音视频数据。但是，GPU 也有一定的局限性。

应用过程中无法充分发挥并行计算优势。深度学习包含训练和推断两个计算环节，GPU 在算法训练上非常高效，但在推断中对于单项输入进行处理的时候，并行计算的优势不能被完全发挥出来。

硬件结构固定不具备可编程性。深度学习算法还未完全稳定，若深度学习算法发生大的变化，GPU 无法实现灵活的配置硬件结构。

2）半定制化的 FPGA

FPGA 是在可编程器件基础上发展而成的产物，用户可以通过烧入 FPGA 配置文件来定义门电路及存储器之间的连线。这种烧入不是一次性的，因此它既解决了定制电路灵活性的不足，又克服了原有可编程器件门电路数有限的缺点。

FPGA 可同时进行数据并行和任务并行计算，在处理特定应用时有更加明显的效率提升。对于通用 CPU 可能需要多个时钟周期的运算，FPGA 可以通过编程重组电路，直接生成专用电路，在少量甚至一个时钟周期内执行完成。很多使用通用处理器或者 ASIC 难以实现的底层硬件控制操作，利用 FPGA 也可以很方便地实现。同时，FPGA 在功耗方面也具有优势。传统冯·诺依曼架构中，

CPU 核等执行单元执行任意指令，都需要有指令存储器、译码器、各种指令的运算器及分支跳转处理逻辑参与运行。而 FPGA 每个逻辑单元的功能在烧入时就已经确定，无须指令和共享内存，从而可以极大降低单元执行的功耗，提高整体的能耗比。

针对代表性的人工智能计算——深度学习算法，FPGA 在实际应用中存在以下局限。

基本单元的计算能力有限。FPGA 包含大量极细粒度的基本单元以实现可重构特征，但每个单元计算能力远低于 CPU 和 GPU 中的 ALU 模块。

计算资源占比相对较低。为实现可重构特性，FPGA 内部大量资源被用于可配置的片上路由与连线。

FPGA 价格较为昂贵，即使在规模放量情况下，单块 FPGA 的成本仍然较高。

3）全定制化的 ASIC

GPU、FPGA 等适合并行计算的通用芯片，可实现以深度学习为代表的人工智能计算加速，但这些通用芯片并非专门针对深度学习设计的，因而天然存在性能、功耗等方面的局限性。在人工智能规模化应用的情况下，这种局限性日益凸显。全定制化的 ASIC 逐步体现出自身优势，代表性研发和应用企业有英伟达、谷歌，以及国内的寒武纪、中星微等。

相比通用并行计算芯片，ASIC 的性能提升非常明显。例如，谷歌面向机器学习张量处理的加速芯片 TPU3.0（Tensor Processor Unit）的计算能力最高可达 100 PFLOPS（PetaFloating Point Operations Per Second，每秒千万亿次浮点运算），寒武纪最新发布的思元 220 芯片实现了最大 32 TOPS（Tera Operations Per Second，每秒万亿次操作）算力，而功耗仅 10 W。同时，无人驾驶汽车、无人机、智能家居等人工智能下游应用对感知交互能力、人工智能计算能力、数据隐私保护等需求也进一步促进人工智能芯片的专用化，推动 ASIC 的发展。

GPU、半定制化的 FPGA、全定制化的 ASIC 延续传统冯·诺依曼架构，以加速硬件计算能力为主要目的，芯片通用性依次递减。在芯片需求还未形成规模、深度学习算法暂未稳定、芯片本身需要不断迭代改进的情况下，利用具备可重构特性的 FPGA 芯片来实现半定制的人工智能芯片是最佳选择之一。而在深度学习算法稳定后，采用 ASIC 设计方法对人工智能芯片进行全面定制，则可面向深度学习算法实现性能、功耗和面积等指标的最优化。

4）类脑芯片

类脑芯片不采用冯·诺依曼架构，而是基于神经形态架构进行设计，代表性产品为 IBM 2014 年发布的 Truenorth。研究人员将存储单元作为突触、计算单元作为神经元、传输单元作为轴突，在只有邮票大小的硅片上，集成了 100 万个神经元，256 个突触，4096 个并行分布的神经内核，用了 54 亿个晶体管，实际作业功耗却只有 70 mW。

在国内，清华大学类脑计算中心于 2015 年 11 月成功地研制了国内首款超大规模神经形态类脑计算天机芯片。该芯片同时支持脉冲神经网络和人工神经网络（深度神经网络），可进行大规模神经元网络的模拟。第二代 28 nm 天机芯片已问世，其由 156 个 FCores 组成，面积为 3.8 mm×3.8 mm，包含大约 40 000 个神经元和 1000 万个突触。

当前，类脑人工智能芯片设计的目的不再局限于加速深度学习算法，而是希望在芯片基本结构甚至器件层面上实现突破，开发出新的类脑计算机体系结构。尽管这类芯片技术尚未完全成熟，但是代表了芯片设计及计算机体系结构革命的未来方向。

四、海量数据存储技术

（1）分布式文件系统

数据是各种应用的基础。为满足大规模、并发的用户服务需求，云计算的数据存储技术必须具有分布式、高吞吐率和高传输率的特点，其基础是分布式文件系统。当前，分布式文件系统有多种实现技术，每种技术都有各自的特点和应用场景。

1）GFS

Google 分布式文件系统 GFS（Google File System）是为了存储海量搜索数据而设计的专用文件系统。它是最早推出分布式存储概念的存储系统之一，后来的众多分布式文件系统或多或少都参考了 GFS 的设计。GFS 并不是一个开源的系统，从 Google 公布的技术文档分析可知，相对于传统的分布式文件系统，GFS 针对 Google 应用特点从多个方面进行了简化，从而在一定规模下达到成本、可靠性和性能的最佳平衡，具体包括以下 4 个特点。

①采用中心服务器模式。GFS 采用中心服务器模式来管理整个文件系统，规避了无中心模式更新信息通知、元数据一致性维护等难题，极大地简化了设计，降低了实现难度，但也带来中心服务器成为系统性能和可靠性瓶颈的缺点。

②不缓存数据。通用文件系统一般都采用复杂的缓存机制以提高性能，但由于客户端大部分是流式顺序读写，并不存在大量的重复读写且维护缓存与实际数据之间的一致性是一个极其复杂的问题，所以 GFS 文件系统根据应用的特点，没有实现缓存。

③在用户态下实现。文件系统作为操作系统的重要组成部分，其实现通常位于操作系统底层。然而，GFS 却选择在用户态下实现，直接利用操作系统提供的编程接口存取数据，无须了解操作系统的内部实现机制和接口，从而降低了实现的难度，并提高了通用性。

④只提供专用接口。通常的分布式文件系统一般都会提供一组与 POSIX 规范兼容的接口，确保应用程序可以通过操作系统的统一接口来透明地访问文件系统。GFS 则完全面向 Google 的应用，采用了专用的文件系统访问接口。接口以库文件的形式提供，通过调用库文件的 API，可完成对 GFS 文件系统的访问。这种做法不仅降低了实现的难度，而且可以根据应用的特点提供一些特殊支持，如追加接口支持多个文件并发。

2）HDFS

HDFS（Hadoop Distributed File System）作为 GFS 的实现，是 Hadoop 项目的核心子项目，也是分布式计算中数据存储管理的基础。面向流数据模式访问和处理超大文件的需求，HDFS 主要包括以下特点。

①对大文件存储的性能比较高。HDFS 采用元数据的方式进行文件管理，而元数据的相关目录和块等信息保存在名称节点（Name Node）的内存中。如果存在大量的小文件，相关元数据存储会占用大量的名称节点内存，引起整个分布式存储性能下降。所以应尽量使用 HDFS 存储大文件。

②适合低写入、多次读取的业务。大数据分析业务的处理模式是一次写入、多次读取并分析。针对这一需求，HDFS 的数据传输吞吐量比较高，但是数据读取延时比较差，不适合频繁的数据写入。HDFS 处理的应用一般是批处理，而不是用户交互式处理，注重数据的吞吐量而不是数据的访问速度。

③ HDFS 采用多副本数据保护机制，通过增加副本的形式，提高容错性，某一个副本丢失以后，可以自动恢复。

尽管 HDFS 被视为 GFS 的实现，但两者仍然存在区别。GFS 支持并发数据写入，而 HDFS 同一时间只允许一个客户端写入或追加数据，减少了同时写入带来的数据一致性问题，简化了写入流程，容易实现。

3）GPFS

GPFS（General Parallel File System）作为 IBM 的第一个共享文件系统，是一个并行的磁盘文件系统，支持资源组内所有节点并行访问整个文件系统。GPFS 允许客户共享在不同节点上存储的文件，也提供了许多标准的 UNIX 文件系统接口，允许应用不经修改或者重新编辑就可以在其上运行。

GPFS 主要用于 IBM 小型机和 UNIX 系统的文件共享和数据容灾等场景。区别于其他分布式存储，GPFS 是由物理磁盘和由物理磁盘映射出来的网络共享磁盘（NSD）组成。物理磁盘与网络共享磁盘一一对应，因此使用两台传统的集中式存储设备，通过划分不同的网络共享磁盘，也可以部署 GPFS。GPFS 文件系统允许在同一个节点内的多个进程使用标准的 UNIX 文件系统接口，并行地访问相同文件，性能比较高。GPFS 支持传统集中式存储的仲裁机制和文件锁，保证数据安全和数据的正确性，这是其他分布式存储系统无法比拟的。

4）Ceph

Ceph 是目前应用最广泛的开源分布式存储系统，已得到众多厂商的支持，包括 LINUX 系统和 OpenStack。Ceph 根据场景可分为对象存储、块设备存储和文件存储。在对象存储方面，Ceph 支持 Swift 和 S3 的 API 接口；在块设备存储方面，支持精简配置、快照、克隆；在文件存储方面，支持 Posix 接口和快照。但是目前 Ceph 支持文件的性能相比其他分布式存储系统，部署稍显复杂，性能也稍弱，一般都将 Ceph 应用于块和对象存储。

相比其他分布式存储技术，Ceph 不单是存储，同时还充分利用了存储节点上的计算能力，在存储每一个数据时，都会通过计算得出该数据存储的位置，尽量将数据分布均衡。同时，Ceph 没有采用 HDFS 元数据寻址的方案，而是采用 CRUSH 算法，使它不存在传统的单点故障，且随着规模的扩大，性能并不会受到影响。

但 Ceph 也存在一些缺点：作为去中心化的分布式解决方案，Ceph 需要提前做好规划设计，技术门槛比较高。Ceph 扩容时，由于其数据分布均衡的特性，会导致整个存储系统性能的下降。

5）Swift

Swift 也是一个开源的存储项目，最初是由 Rackspace 公司开发的分布式对象存储服务，后成为 OpenStack 开源社区的核心子项目之一，为其 Nova 子项目提供虚机镜像存储服务。Swift 主要面向的是对象存储，解决非结构化数据存储问题，其主要特点包括以下几个方面。

原生的对象存储，不支持实时的文件读写、编辑功能。

完全对称架构，无主节点，无单点故障，易于大规模扩展，性能容量线性增长。

数据实现最终一致性，不需要所有副本写入即可返回，读取数据时需要进行数据副本的校验。

Swift 和 Ceph 的对象存储服务的主要区别有以下几个方面。

客户端在访问对象存储系统服务时，Swift 要求客户端必须访问 Swift 网关才能获得数据，而 Ceph 使用一个运行在每个存储节点上的对象存储设备（OSD）获取数据信息，没有一个单独的入口点，比 Swift 更灵活一些。

在数据一致性方面，Swift 的数据是最终一致的，在海量数据的处理效率上要高一些，主要面向对数据一致性要求不高，但是对数据处理效率要求比较高的对象存储业务。而 Ceph 是始终跨集群强一致性。

（2）分布式结构化数据存储系统

在各种业务系统中，结构化数据仍然具有不可替代的作用。对结构化数据的分布式存储和管理是云计算环境下分布式存储的核心问题。目前，主流的分布式结构化数据存储系统为 Google 的 BigTable 和 Hadoop 团队开发的开源数据管理模块 HBase。

1）BigTable

BigTable 是一个分布式的结构化数据存储系统，被设计用来处理海量数据。它具有适用性广泛、可扩展、高性能和高可用性的特点，已在大量 Google 产品和项目上得到应用，包括 Google Analytics、Google Earth 等。在数据管理方面，BigTable 将一整张数据表拆分成许多存储于 GFS 的子表，并由分布式锁服务 Chubby 负责数据一致性管理。在数据模型方面，BigTable 以行名、列名、时间戳建立索引，由无结构的字节数组构成表中的数据项。假设在 BigTable 中存储海量网页，可以使用 URL 作为行名，网页属性（如内容、锚点）作为列名，获取该网页的时间戳作为标识。图 3-3 展示了网页 www.test1.com 在 BigTable 中的存储情况。行名 com.test1.www 是一个反向 URL，contents 是一个列族，存放的是该网页的内容，anchor 是另外一个列族，存放引用该网页的锚链接文本。由于 www.test1.com 被 www.test2.com 引用，因此该行包括了列名 "anchor:test2.com"。每个锚链接只有一个版本，而 contents 列则有两个版本，分别由时间戳 t1 和 t2 标识。

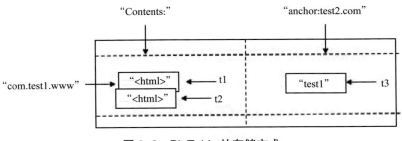

图 3-3 BigTable 的存储方式

BigTable 包括 3 个主要的组件：链接到用户程序中的库，1 个 Master 服务器和多个 Tablet 服务器。根据系统工作负载的变化，Tablet 服务器可以被动态地添加或者删除。Master 服务器负责为 Tablet 服务器分配 Tablets，对 Tablet 服务器进行负载均衡，检测 Tablet 服务器的增减，以及对保存在 GFS 上的文件进行垃圾收集。Tablet 服务器管理一个 Tablets 集合（数十到上千个 Tablet），并负责它们的读写操作，以及在 Tablets 过大时，对其进行分割。

2）HBase

HBase 是一种构建在 HDFS 之上的高可靠性、高性能、面向列、可伸缩的分布式存储系统，利用 HBase 技术可在廉价 PC Server 上搭建起大规模结构化存储集群。作为 Google BigTable 的开源实现，HBase 基本实现了 BigTable 的所有功能，并在实现细节上接近于 BigTable 公开文档中的论述。Google BigTable 利用 GFS 作为其文件存储系统，HBase 利用 Hadoop HDFS 作为其文件存储系统；Google 运行 MapReduce 来处理 BigTable 中的海量数据，HBase 则利用 Hadoop MapReduce 来处理 HBase 中的海量数据；Google BigTable 利用 Chubby 作为协同服务，HBase 利用 Zookeeper 作为对应。两者的区别主要在一些细节特征上。

五、编程模型

（1）云计算主流并行编程模型

云计算不仅要实现海量数据的存储，而且要提供面向海量数据的分析处理功能。为使普通开发人员可以将精力集中于业务逻辑上，降低利用集群资源编程处理海量数据的难度，需要对处理过程进行抽象、屏蔽底层细节并支持规模扩展。针对这一需求，多种分布式编程系统被研发，其核心是并行编程模型，代表性的通用编程模型包括 MapReduce、Dryad、Pregel 和 All-Pairs。

1）MapReduce

MapReduce 是 Google 公司的 Jeff Dean 等人提出的编程模型，用于大规模数据集（大于 1 TB）的并行运算。概念"Map（映射）"和"Reduce（归约）"是 MapReduce 的主要思想。可以理解为把一堆杂乱无章的数据按照某种特征归纳起来，然后处理并得到最后的结果。Map 面对的是杂乱无章的、互不相关的数据，解析每个数据，从中提取出 key 和 value，也就是提取数据特征。经过 MapReduce 的 Shuffle 阶段之后，在 Reduce 阶段获得已经归纳好的数据。

在 Google，MapReduce 得到了广泛应用，包括反向索引构建、分布式排序、Web 访问日志分析、机器学习、基于统计的机器翻译等。Hadoop 作为 MapReduce 的开源实现得到了 Yahoo!、Facebook、IBM 等大量公司的支持和应用。

2）Dryad

Dryad 是 Microsoft 提出的并行软件平台。从概念上讲，Dryad 将一个应用程序表示成一个有向无环图（Directed Acyclic Graph，DAG）。顶点表示计算，应用开发人员针对顶点编写串行程序，顶点之间的边表示数据通道，可采用文件、TCP 管道和共享内存的 FIFO 等数据传输机制。Dryad 允许用户构建 DAG 调度拓扑图，为用户提供灵活的调度编程接口，让用户能够更有效地优化运行逻辑，从而达到提升程序性能的目的。Dryad 也允许用户基于计算节点的反馈信息动态地改变 DAG 调度拓扑图。Dryad 是针对运行 Windows HPC Server 的计算机集群设计的，是 Microsoft 构建云计算基础设施的核心技术之一。

3）Pregel

Pregel 是 Google 提出的大规模分布式图计算平台。网页链接分析、社交数据挖掘等许多应用都涉及大规模图计算问题，有的图规模可达数十亿的顶点和上万亿的边。Pregel 编程模型就是针对这一类问题而设计的。它为用户编写图算法提供 API 接口，同时将消息机制和容错等底层分布式细节隐藏起来。Pregel 能处理顶点规模达到数十亿级的图数据，在集群规模和资源配比很低的情况下，与很多传统的运行于专用的大型机（即非传统的商业服务器）的性能相当。Pregel 在 Google 的 PageRank 中有所应用。开源的 Apache Hama 采用了类似的思想。

4）All-Pairs

All-Pairs 是从科学计算类应用中抽象出来的一种编程模型。从概念上讲，All-Pairs 解决的问题可以归结为求集合 A 和集合 B 的笛卡尔积，典型应用场景是比较两个图片数据集中任意两张图片的相似度。All-Pairs 计算通常包括 4 个阶段，即最优节点数计算、数据集分发、任务调度与运行、计算结果收集。

表 3-3 给出了上述 4 个模型的比较。其中"任务间依赖关系描述"表示用户如何描述其任务间的依赖关系，如 MapReduce 模型的用户只能通过 Map/Reduce 这两个固定的阶段来描述其程序的任务；"动态控制流描述"表示模型是否支持对于动态控制流（判断、选择、合并、分发等控制信息）的描述还是只是支持数据流的描述。

表 3-3　云计算通用并行编程模型比较

	MapReduce	Dryad	Pregel	All-Pairs
任务间依赖关系描述	Map/Reduce	DAG 图	BSP 模型	矩阵模型
动态控制流描述	不支持	不支持	支持	不支持

	MapReduce	Dryad	Pregel	All-Pairs
适用场景	海量数据处理	海量数据处理	大规模图计算	求解两个集合的笛卡尔积

（2）MapReduce

MapReduce 是目前最获支持的云计算并行编程模型。一个 MapReduce 作业由大量 Map 和 Reduce 任务组成。整个数据处理过程划分为两个阶段：在 Map 阶段，Map 任务以 key/value 对作为输入，产生另外一系列 key/value 对作为中间输出保存在 Map 任务执行节点；在 Reduce 阶段，Reduce 任务以 key 及对应的 value 列表作为输入，经合并 key 相同的 value 值后，产生另外一系列 key/value 对作为最终输出写入分布式文件系统 GFS 或 HDFS。

MapReduce 的基本架构如图 3-4 所示，主要由 4 个部分组成。

① Client。用户编写的 MapReduce 程序通过 Client 提交到 Job Tracker，也可通过 Client 提供的接口查看作业运行状态。

② Job Tracker。负责监控所有 Task Tracker 与 Job 的运行状态，一旦发现失败，就将相应的任务转移到其他节点；负责跟踪任务的执行进度、资源使用量等信息，并将这些信息告诉任务调度器，以便调度器发现空闲资源，并选择合适的任务去使用这些资源。

③ Task Tracker。会周期性地通过 Heartbeat 将本节点上资源的使用情况和任务的运行进度汇报给 Job Tracker，同时接收 Job Tracker 发送过来的命令并执行相应的操作。Task Tracker 使用"slot"等量划分本节点上的资源量（CPU、内存等），一个 Task 获取到一个 slot 后才有机会运行。slot 分为 Map slot 和 Reduce slot 两种，分别供 Map Task 和 Reduce Task 使用。

④分布式文件系统（GFS 或 HDFS）。保存作业的数据、配置信息及最终结果。

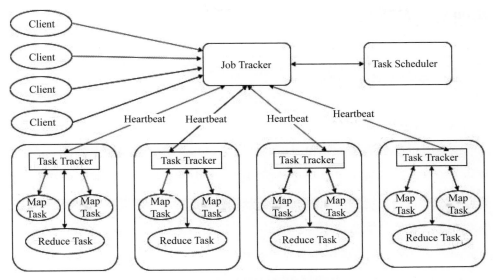

图 3-4　MapReduce 的基本架构

MapReduce 可以简化大规模数据处理的难度。

数据同步过程由编程框架自动控制，简化了数据同步问题。

编程框架会监测任务执行状态，重新执行异常状态任务，所以程序员无须考虑任务失败问题。

Map 任务和 Reduce 任务都可以并发执行，通过增加计算节点数量便可加快处理速度。

在处理大规模数据时，Map/Reduce 任务数远多于计算节点数，有助于计算节点负载均衡。

虽然 MapReduce 具有诸多优点，但仍具有局限性。MapReduce 灵活性低，很多问题难以抽象成 Map 和 Reduce 操作；MapReduce 在实现迭代算法、执行多数据集的交运算时效率较低。

第四节　云计算安全

一、云计算安全威胁

（1）云计算安全威胁概述

云计算动态的服务计算和灵活的"服务合约"给信息安全领域带来了巨大的冲击。由于基本丧失了对私有数据的控制能力，用户对云计算环境的安全性普遍存在质疑，安全和隐私保护成为云计算发展的首要前提。结合云计算核心服务的层次模型，本节将主要从 IaaS 层安全、PaaS 层安全、SaaS 层安全 3 个方面就云计算环境下的安全威胁进行系统的介绍。

（2）IaaS 层安全威胁

虚拟化是云计算 IaaS 层普遍采用的技术，不仅可以实现资源定制，而且能实现资源隔离。然而，虚拟化也带来新的安全漏洞，已经出现了多种针对虚拟机的安全攻击技术。

窃取服务攻击（Theft-of-Service Attack）。该攻击技术主要针对弹性计费模式的周期性采样与时钟调度策略低精度的特点，利用虚拟层调度机制的漏洞，实现攻击者进程在调度程序计数时未被调度，从而以隐蔽的方式占用他人的云服务资源。

恶意代码注入攻击（Malware Injection Attack）。该攻击技术主要使用恶意实例代替系统服务实例处理正常的服务请求，进而获得特权访问能力，非法盗取证书信息或用户数据。与传统 Web 应用环境相比，虚拟化的云计算环境加剧了恶意代码注入攻击的安全威胁。云端的服务迁移、虚拟机共存等操作使得恶意代码的检测工作异常困难，目前仍然缺少对云服务实例完整性的有效检查方法。

交叉虚拟机边信道攻击（Cross VM Side Channels Attack）。该攻击技术属于访问驱动攻击形式。攻击者借助恶意虚拟机访问共享硬件和缓存，通过执行预定的安全攻击，如计时边信道攻击、能量消耗的边信道攻击、高速隐蔽信道攻击等，导致目标虚拟机内的用户数据泄露。

定向共享内存攻击（Targeted Shared Memory）。该攻击技术以物理机或虚拟机的共享内存或缓存为攻击目标，是恶意代码注入攻击与边信道攻击的基础。代表性方案由 Rocha 和 Correia 于 2011 年提出，结合内部攻击访问虚拟机的内存转储数据，致使系统当前运行状态与用户隐私信息的泄露。

虚拟机回滚攻击（VM Rollback Attack）。该攻击技术利用云计算虚拟化环境下管理程序可以随时挂起虚拟机并保存系统状态快照的功能，非法恢复快照，引发一系列的安全隐患。在这种攻击下历史数据被清除，攻击行为将被彻底隐藏。

除了虚拟化带来的安全威胁，硬件设备安全威胁也是 IaaS 层重要的安全威胁类型。硬件的瞬时故障或错误可能危害整体信息系统的正确性与安全性。

（3）PaaS 层安全威胁

PaaS 层的海量数据存储和处理带来云数据安全威胁，不仅局限于数据内容的完整性、可靠性，也包括用户隐私数据的所有权与控制权分离带来的隐私泄露问题。并且，云数据安全威胁贯穿于数据的全生命周期，在不同阶段可能会面临不同的数据安全挑战。

1）数据创建／迁移

数据创建／迁移阶段是指将个人或者企业用户在操作过程中产生的数据采集并上传到云的过程，或者是将原有的用户数据迁移到云上。整个过程需要考虑被迁移数据的完整性及保密性。此外，迁移过程可能会面临原服务商设置的时间期限、数据保存费用等限制，也可能会面临服务商之间的技术和管理模式是否兼容的问题。因此，云数据迁移还存在遵从性和数据隐私保护问题。

2）数据存储

数据存储阶段是指将用户产生的数据存储在硬盘、数据库中。保证数据安全存储是实现数据安全的重要一步。由于云计算具有按需分配的特点，所以云服务商可能对多个用户的数据进行统一存储和管理，带来数据传输错误的风险。需要对不同用户的数据进行有效隔离，保证数据传输的准确性和安全性。此外，随着数据量的增长，用户为了提高数据存储的效率，可能会将数据封装后选择多方进行存储，带来更高的数据泄露风险。

3）数据传输

数据共享是数据存储的目的之一，数据在允许范围内的共享过程就是数据传输过程。网络具有开放性的特点，数据传输阶段的首要安全挑战就是确保数据的保密性和完整性。威胁可能来自数据传输过程中未经授权的数据拦截器，也可能来自云服务提供商接收到数据后的数据破坏或者盗用。

4）数据使用

数据使用是采集、存储数据的最终目的。如果身份验证机制不健全，数据使用过程就存在用户访问风险，云端中的数据、应用等资源可能被盗用，造成巨大的经济损失；数据也可能因内部人员操作不当或者违规操作造成损坏，因此数据的恢复和备份功能必不可少。

5）数据归档

数据归档是将时间较长、使用后的数据进行归档保存。归档后的数据具有很高的参考价值，但归档阶段数据安全研究较少。

6）数据销毁

数据销毁是指当确定云端某存储节点上的数据不再使用时，对数据进行清除。对于内部保密数据而言，数据的彻底销毁是实现数据安全的重要保障，如果数据销毁不彻底，会产生数据残留，严重的可能会造成数据重建，导致用户敏感数据泄露。此外，大量数据的销毁工作一般需要几分钟甚至十几分钟，在整个删除过程中有可能会产生数据被盗取的情况。

（4）SaaS 层安全威胁

SaaS 层提供了基于网络的应用程序服务，应用程序自身的安全成为 SaaS 层主要的安全威胁。当前，常见的云应用安全攻击主要包括以下 3 类。

拒绝服务攻击（Denial-of-Service Attack，DoS）。该攻击技术属于简单的资源耗尽型攻击。攻击者向目标主机发起大规模处理请求，试图耗尽系统资源，致使正常的软硬件服务瘫痪。云计算资源的集中分配方式使得拒绝服务攻击的破坏程度进一步加剧，上层的云计算应用成为攻击者的首选目标。云端的拒绝服务攻击主要存在 3 类具体的攻击形式，分别基于 XML、HTTP 和 REST 技术，其中 XML 和 HTTP 广泛存在于云计算的各类应用中，针对这两种协议发动的 DoS 攻击具有很强的针对性和破坏能力。

僵尸网络攻击（Botnets Attacks）。该攻击技术主要操纵僵尸机隐藏身份与位置信息实现间接攻击，从而以未授权的方式访问云资源，同时有效降低被检测或追溯的可能性。云计算弹性的计算资源与灵活的访问方式为僵尸网络提供了良好的运行环境，攻击者可以使用云服务器作为主控机，也可以使用窃取到的高性能虚拟机作为僵尸机。

音频隐写攻击（Audio Steganography Attack）。该攻击技术将恶意代码隐藏于音频文件并提交至目标服务器，欺骗云计算环境的安全机制，导致云存储系统出现严重的故障。

二、云安全体系架构

（1）云计算安全技术框架

为了消除用户将应用迁移到云端的安全忧虑，满足企业的各种合规性安全要求，安全业界及不同组织，如 IBM、CSA 和 Gartner 等纷纷推出各自的云安全体系架构。但是，国际上对云计算的安全框架还没有达成统一共识。图 3-5 是冯登国等人提出的云计算安全技术框架，包括云计算安全服务体系、云计算安全标准及其测评体系两大部分。

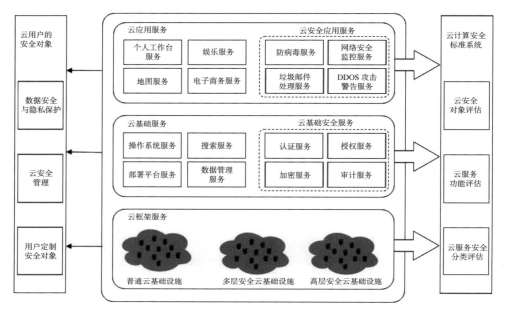

图 3-5　云计算安全技术框架

（2）云计算安全服务体系

云计算安全服务体系由一系列云安全服务构成，是实现云用户安全目标的重要技术手段。根据服务所属层次的不同，可以进一步分为安全云基础设施服务、云安全基础服务及云安全应用服务 3 类。

1）安全云基础设施服务

安全云基础设施服务是为上层云应用提供安全的数据存储、计算等 IT 资源服务，是整个云计算安全服务体系的基石。由于云计算所有权与控制权分离的特性，云安全不仅包括抵挡来自外部黑客的安全攻击的能力，而且需要证明服务提供商自己无法破坏用户数据与应用。云平台应分析传统计算平台面临的安全问题，采取全面严密的安全措施。例如，在物理层考虑机房安全，在存储层考虑文件／日志管理、数据加密、备份、灾难恢复等，在网络层考虑拒绝服务攻击、DNS 安全、网络可达性、数据传输机密性等，在系统层考虑虚拟机安全、补丁管理、系统用户身份管理等，在数据层考虑数据的隐私性与访问控制、数据备份与清洁等，在应用层考虑程序完整性检验与漏洞管理等。云服务提供商也应向用户证明云平台具备某种程度的数据隐私保护能力。例如，在存储服务中将用户数据以密态形式保存。由于用户安全需求方面的差异，云平台应具备提供不同安全等级的云基础设施服务的能力。

2）云安全基础服务

云安全基础服务是为各类云应用提供共性信息安全服务，是支撑云应用满足用户安全目标的重要手段。比较典型的云安全基础服务包括以下几种。

云用户身份管理服务。主要涉及身份的供应、注销及身份认证过程。在云环境下，实现身份联合和单点登录可以支持跨组织和跨应用的身份信息和认证服务共享，减少重复认证带来的运行开销，但也带来更高的安全需求。

云访问控制服务。主要涉及传统的访问控制模型（如基于角色的访问控制模型、基于属性的访问控制模型及强制／自主访问控制模型等）和各种授权策略语言标准（如 XACML、SAML 等）在云环境下的移植和扩展。此外，跨组织间的资源组合授权问题也是云访问控制服务需要考虑的重要问题。

云审计服务。主要提供满足审计事件列表的所有证据及证据的可信度说明，通常由第三方机构完成。云审计服务是保证云服务提供商满足各种合规性要求的重要方式，为确保证据不会披露其他用户的信息，需要特殊设计的数据取证方法。

云密码服务。主要涉及数据加、解密运算服务，以及密码运算中的密钥管理与分发、证书管理及分发等服务。云密码服务不仅为用户简化了密码模块的设计与实施，也使得密码技术的使用更集中、规范，更易于管理。

3）云安全应用服务

云安全应用服务主要涉及各种基于云的安全服务，如 DDOS 攻击防护云服务、安全事件监控与预警云服务、云垃圾邮件过滤及防治等。云计算提供的超大规模计算能力、海量存储能力、海量终端分布式处理能力，能在安全事件采集、关联分析、病毒防范等方面大幅提升性能，极大地提高安全事件搜集与及时地进行相应处理的能力。

（3）云计算安全标准及其测评体系

云计算安全标准及其测评体系为云计算安全服务体系提供了重要的技术与管理支撑，其核心包括以下 3 个方面内容。

①云服务安全目标的定义、度量及其测评方法规范。该规范帮助云用户清晰地表达其安全需求，并量化其所属资产各安全属性指标。清晰而无二意的安全目标是解决服务安全质量争议的基础。安全指标应具有可测量性，可通过指定测评机构或者第三方实验室测试评估。安全指标也应具有可操作性，规范应指定相应的指标测评方法。

②云安全服务功能及其符合性测试方法规范。该规范定义基础性的云安全服务，如云身份管理、云访问控制等的主要功能与性能指标，便于使用者在选择时对比分析。规范也应包括与之相配合的符合性测试方法与规范。

③云服务安全等级划分及测评规范。该规范定义云服务的安全等级划分与相应的测评方法和标准化程序，帮助用户全面了解服务的可信程度，更加准确地选择自己所需的服务。尤其是底层的云基础设施服务及云基础软件服务，其安全等级评定的意义尤为突出。

三、云安全核心技术

各种云安全技术是云计算安全服务体系的基础，主要包括可信访问控制、密文检索与处理、数据存在与可使用性证明、数据隐私保护、虚拟安全技术、云资源访问控制、可信云计算等。

（1）可信访问控制

由于无法信赖服务商忠实实施用户定义的访问控制策略，可信访问控制技术关注于如何通过非传统访问控制类手段实施数据对象的访问控制。各种基于密码学方法的访问控制实现是最主要的手段，包括利用基于属性的加密算法、基于代理重加密的方法，以及在用户密钥或密文中嵌入访问控制树的方法等。这些方法共同面临的一个重要问题是权限撤销。现有的方案在带有时间或约束的授权、权限受限委托等方面仍存在许多有待解决的问题。

（2）密文检索与处理

数据变成密文时丧失了许多其他特性，导致密文的检索和处理成为难题。典型的密文检索有基于安全索引的方法和基于密文扫描的方法。前者通过为密文关键词建立安全索引，检索索引查询关键词是否存在；后者对密文中每个单词进行比对，确认关键词是否存在，以及统计其出现的次数。密文处理研究主要集中在秘密同态加密算法设计上。IBM 研究员 Gentry 利用"理想格（Ideal Lattice）"的数学对象构造隐私同态（Privacy Homomorphism）算法，或称全同态加密，使人们可以充分地操作加密状态的数据，在理论上取得了一定突破，但目前与实用化仍有很长的距离。

（3）数据存在与可使用性证明

由于大规模数据所导致的巨大通信代价，用户不可能将数据下载后再验证其正确性。数据存在与可使用性证明技术是在用户取回很少数据的情况下，通过某种知识证明协议或概率分析手段，以高置信概率判断远端数据是否完整。典型的工作包括：面向用户单独验证的数据可检索性证明（POR）方法、公开可验证的数据持有证明（PDP）方法。

（4）数据隐私保护

云中数据隐私保护是在数据生命周期的每一个阶段，防止非授权的隐私数据泄露，主要的技术包括 K 匿名、图匿名及数据预处理等。隐私数据不仅局限于用户身份信息等相对静态数据，也包括云应用过程中生成的动态过程数据。例如，Raykova 等人提出一种匿名数据搜索引擎，可以使得交互双方搜索对方的数据，获取自己所需的部分，同时保证搜索询问的内容不被对方所知，搜索时与请求不相关的内容不会被获取。

（5）虚拟安全技术

虚拟技术是实现云计算的关键核心技术，但也带来新的安全性和隔离性需求。虚拟安全技术用于满足这种需求，涉及基于虚拟机技术的隔离执行机、实现性能与安全隔离的资源管理框架、虚拟机映像文件管理系统等多个方面。

（6）云资源访问控制

云资源访问控制技术主要关注于云端计算、存储等资源的访问控制策略。这种访问控制不仅针对同一个安全域内的资源访问，也针对跨域的资源访问。在云计算环境中，云应用属于不同的安全管理域，当跨多个域进行资源访问时，各域有自己的访问控制策略，在进行资源共享和保护时必须对共享资源制定一个公共的、双方都认同的访问控制策略，需要支持策略的合成。新的合成策略不能违背各个域原来的访问控制策略，还要确保安全性。现有的访问控制策略合成技术有基于集合论的策略合成代数、基于授权状态变化的策略合成代数、语义 Web 服务的策略合成方案等。

（7）可信云计算

可信云计算是将可信计算技术融入云计算环境，以提供可信赖的云服务。这已成为云安全研究领域的一大热点，典型的平台有可信云计算平台 TCCP。同时，可信计算技术提供了可信的软件和硬件及证明自身行为可信的机制，也可以被用来解决外包数据的机密性和完整性问题，实现在不泄露任何信息的前提条件下，对外包的敏感（加密）数据执行各种功能操作。

四、云安全标准

（1）云计算安全相关国际标准

国际标准化组织中，开发云计算相关标准的机构为 ISO/IEC JTC1/SC 38 云计算与分布式平台分技术委员会（Cloud Computing and Distributed Platforms），已经发布 3 项云计算安全相关标准，如表 3-4 所示。

表 3-4　云计算安全相关国际标准

序号	标准	名称	说明
1	ISO/IEC 27017—2015	基于 ISO/IEC 27002 的云服务信息安全实用规则	按照 ISO/IEC 27002 的 14 个控制域，为云服务提供商和云服务客户提供了控制和实施指南
2	ISO/IEC 27018—2014	公有云服务的数据保护控制实用规则	建立了普遍接受的控制目标、控制和指导方针，以实施保护个人可识别信息（PII）的措施，确保公共云计算环境的 ISO/IEC 29100 的隐私原则
3	ISO/IEC 27036-4：2016	供应关系信息安全 -4- 云服务安全指南	提供了云服务客户和云服务提供商的指导。使用这个标准可了解云服务相关的信息安全风险，并有效地管理这些风险

（2）云计算安全相关国家标准

自 2014 年以来，全国信息安全标准化技术委员会围绕云计算安全管理和技术等方面制定了 6 项云计算安全国家标准，如表 3-5 所示。

表 3-5　云计算安全相关国家标准

序号	标准	名称	说明
1	GB/T 31167—2014	信息安全技术云计算服务安全指南	描述了云计算服务可能面临的主要安全风险，提出了政府部门采用云计算服务的安全管理基本要求及云计算服务的生命周期各阶段的安全管理和技术要求。为政府部门采用云计算服务，特别是采用社会化的云计算服务提供全生命周期的安全指导，适用于政府部门采购和使用云计算服务，也可供重点行业或企事业单位参考

续表

序号	标准	名称	说明
2	GB/T 31168—2014	信息安全技术 云计算服务安全能力要求	描述了以社会化方式为特定客户提供云计算服务时，云服务商应具备的信息安全技术能力。适用于对政府部门使用的云计算服务进行安全管理，也可供重点行业和其他企事业单位使用云计算服务时参考，还适用于指导云服务商建设安全的云计算平台和提供安全的云计算服务
3	GB/T 34942—2017	信息安全技术 云计算服务安全能力评估方法	对云服务商提出了基本安全能力要求，反映了云服务商在保障云计算环境中客户信息和业务的安全时应具备的基本能力
4	GB/T 35279—2017	信息安全技术 云计算安全参考架构	规定了云计算安全参考架构，描述了云计算角色，规范了各角色的安全职责、安全功能组件及其关系。适用于指导所有云计算参与者在进行云计算系统规划时对安全的评估与设计
5	GA/T 1390.2—2017	网络安全等级保护基本要求 第2部分：云计算安全扩展要求	GA/T 1390 是 GB/T 22239—2008 针对移动互联、云计算、大数据、物联网和工业控制等新技术、新应用领域提出的扩展安全要求。标准主要包括6个部分，第2部分是云计算安全扩展要求，规定了不同安全保护等级云计算平台及云租户业务应用系统的安全保护要求。适用于指导分等级的非涉密云计算平台及云租户业务应用系统的安全建设和监督管理
6	GB/T 38249—2019	信息安全技术 政府网站云计算服务安全指南	给出了政府网站采用云计算服务中各种参与角色的安全职责，细化了云服务商和云服务代理商的安全责任，可用于指导采用云计算服务的政府机构的网站安全保障建设

第五节　主要云计算应用

一、Amazon 云计算

（1）Amazon 云计算概况

亚马逊从 2006 年开始推出 AWS（Amazon Web Services）云服务以来，在全球市场上迅速扩张，已经成为全球领先的云服务提供商。目前，AWS 已推出数百项云业务产品和服务，涉及企业云计算服务的方方面面。AWS 主要提供的云产品和服务可分为云基础设施服务、平台服务、企业 IT 应用程序三大类。

1）云基础设施服务

AWS 云基础设施服务主要提供基础的网络、计算和存储资源等服务，主要产品及服务如表 3-6 所示。

表 3-6　AWS 云基础设施服务

功能	组件	概述
联网	Amazon VPC	虚拟私有云，提供私有、隔离的虚拟网络环境
	Amazon Route 53	DNS Web 服务
	AWS Direct Connect	AWS 专线网络，连接本地设施与 AWS
计算	Amazon EC2	虚拟服务器，提供按需计算能力
	Amazon ECS-EC2 Container Service	容器管理服务，基于 EC2 实例集群进行 Docker 容器的启动、停止和管理
	Auto Scaling	根据用户自定义条件，提供对 EC2 实例集群的 Scale in/out
	Elastic Load Balancing	在多个 EC2 实例间自动分配应用程序的访问流量

续表

功能	组件	概述
存储和内容传输	Amazon S3	简单存储服务，提供了完全冗余的数据存储基础设施
	Amazon Glacier	低成本存储服务，适用于数据归档和备份
	Amazon EBS	块存储卷，是不受实例生命周期约束的非实例存储
	Amazon EFS (Elastic File System)	面向 EC2 实例的文件存储服务，实现在 AWS 云中创建和扩展共享文件存储
	Amazon CloudFront	内容传输 Web 服务，实现面向最终用户的低延迟、高速数据传输
数据库	Amazon RDS	数据库及其管理服务，支持设置、操作和扩展 MySQL、Oracle、SQL Server 或 PostgreSQL 数据库
	Amazon Aurora	一个与 MySQL 兼容的关系型数据引擎
	Amazon DynamoDB	NoSQL 数据库服务，适用于需要一致性并且延迟低于 10ms 的应用
	Amazon Redshift	完全托管型 PB 级数据仓库服务，可与用户现有商业智能工具协作实现数据分析
	Amazon ElastiCache	部署、操作、扩展内存缓存的 Web 服务
管理和安全	AWS Directory Service	使企业用户用其现有的企业凭证访问 AWS
	AWS IAM-Identity and Access Management	控制 AWS 服务和资源的访问权限。可创建和管理 AWS 用户、群组及权限
	AWS CloudTrail	记录 AWS API 调用，并发送日志文件
	Amazon CloudWatch	监控 AWS 云资源及其上运行的应用程序，可收集和追踪指标、收集和监控日志文件、设置警报
	AWS CloudHSM	专用的"硬件安全模块"（HSM）设备，用户可控制加密密钥和由 HSM 执行的加密操作，满足数据安全方面的企业、合同和监管合规性的要求
	AWS KMS (Key Management Service)	是使用 HSM 保护密钥安全的托管服务，实现对加密密钥的创建和控制

2) 平台服务

AWS平台服务包括大数据分析、应用程序服务、部署与管理、移动应用及设备等应用平台服务，如表 3-7 所示。

表 3-7　AWS 平台服务

功能	组件	概述
大数据分析	Amazon EMR (Elastic MapReduce)	托管的 Hadoop 框架，实现跨 EC2 实例集群的大数据分发和处理
	Amazon Kinesis	大规模的实时数据流处理
	AWS Data Pipeline	适用于周期性数据驱动工作流的编排服务，可处理数据并以指定间隔在不同 AWS 计算、存储服务及内部数据源之间移动数据
应用程序服务	Amazon SQS	消息队列
	Amazon SWF	用于协调应用程序组件的工作流服务
	Amazon AppStream	低延迟应用程序流媒体传输
	Amazon Elastic Transcoder	可扩展媒体转码
	Amazon SES	电子邮件发送服务
	Amazon CloudSearch	托管的搜索服务
	Amazon FPS	基于 API 的付款服务
部署与管理	AWS Elastic Beanstalk	AWS 应用程序容器
	AWS OpsWorks	DevOps 应用程序管理服务
	AWS CloudFormation	AWS 资源创建模板
	AWS CodeDeploy	自动部署
	AWS CodePipeline	自动构建，测试和集成服务
移动应用及设备	Amazon Cognito	用户身份和数据同步
	Amazon SNS	通知推送服务
	AWS Device Farm	利用 AWS Cloud，在智能手机和平板电脑上对 iOS、Android 和 Fire OS 应用程序进行测试，提升这些应用程序的质量

3）企业 IT 应用程序

企业 IT 应用程序包括企业所需的虚拟桌面、邮件服务等，如表 3-8 所示。

表 3-8　AWS 企业应用程序

功能	组件	概述
企业应用程序	Amazon WorkSpaces	虚拟桌面，云中的桌面计算服务，可以让最终用户通过自己的设备访问资源和应用程序
	Amazon WorkDocs	商务电子邮件与日历编制服务，支持现有的桌面和移动电子邮件客户端
	Amazon WorkMail	电子邮件与日历编制，托管企业存储和共享服务，具有强大的管理控制和反馈功能

三大类产品及服务中，云基础设施服务是核心，重要的产品和服务包括弹性计算云 Amazon EC2、简单存储服务 Amazon S3、关系数据库服务 Amazon RDS、非关系型数据库服务 Amazon DynamoDB、内容推送服务 CloudFront。

（2）弹性计算云 Amazon EC2

弹性计算云服务（Elastic Compute Cloud，EC2）是 AWS 的重要组成部分，用于提供大小可调节的计算容量，具有低成本、灵活性、安全性、易用性和容错性等特性。借助 Amazon EC2，用户可以在不需要硬件投入的情况下，快速开发和部署应用程序，并方便地配置和管理。

图 3-6 展示了 Amazon EC2 的基本架构，主要包括 Amazon 机器映象、实例、存储模块等组成部分，并能与 S3 等其他 Amazon 云计算服务结合使用。

1）Amazon 机器映象（AMI）

Amazon 机器映像（Amazon Machine Image，AMI）包含了操作系统、服务器程序、应用程序等软件配置的模板，可以用于启动不同实例，像传统的主机一样提供服务。当用户使用 EC2 服务去创建自己的应用程序时，首先需要构建或获取相应的 AMI。Amazon 为用户提供了 4 种获取 AMI 的途径，包括 Amazon 提供的免费公共 AMI 和定制私有 AMI、开发者提供的付费 AMI 和共享 AMI。构建好的 AMI 分为 Amaznon EBS 支持和实例存储支持两类，所启动的实例的根设备分别为 Amazon EBS 卷和实例存储卷，后者依据 Amazon S3 中存储的模板而创建。

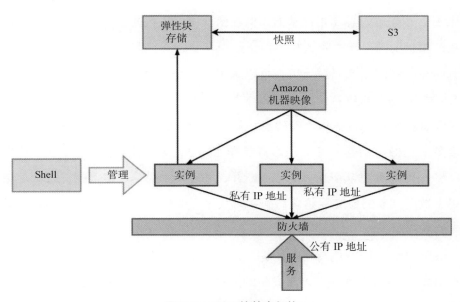

图 3-6 EC2 的基本架构

2）实例（Instance）

EC2 中实例由 AMI 启动，可以像传统的主机一样提供服务。同一个 AMI 可以用于创建具有不同计算和存储能力的实例。Amazon 提供了多种不同类型的实例，分别在计算、GPU、内存、存储、网络、费用等方面进行了优化，以面向不同的用户需求。例如，构建基因组分析等科学计算应用的用户可以选择计算优化型实例。此外，Amazon 还允许用户在应用程序的需求发生变更时，对实例的类型进行调整，从而实现按需付费。

除了可以选择不同的实例类型外，Amazon EC2 还为实例提供了许多附加功能。例如，用户可以通过 EBS 优化来获得专用的吞吐量，借助增强型联网来提供网络传输性能，甚至使用专用硬件把自己的实例与其他用户实例进行物理隔离。

3）弹性块存储（EBS）

除了少数实例类型外，每个实例自身携带一个存储模块（Instance Store），用于临时存储用户数据。但存储模块中的数据仅在实例的生命周期内存在。如果实例出现故障或被终止，数据将会丢失。因此，如果希望存储的数据时间与实例的生命周期无关，可以采用弹性块存储（Elastic Block Store, EBS）或 S3 进行数据存储。

EBS 存储卷的设计与物理硬盘相似，其大小由用户设定。同一个实例可以连接多个 EBS 存储卷，每个 EBS 存储卷在同一时刻只能连接一个实例。但用户可以将 EBS 存储卷从所连接的实例断开，并连接到另一个实例上。EBS 存储卷适用于数据需要细粒度地频繁访问并持久保存的情形，适合作为文件系统或数据库的主存储。

快照功能是 EBS 的特色功能之一，用于在 S3 中存储 Amazon EBS 卷的时间点副本。快照备份采用了增量备份的方式，仅保存上一次快照后更改的数据块。快照包含了从拍摄时间起的所有信息，可以作为创建新的 Amazon EBS 的起点。

（3）简单存储服务 Amazon S3

简单存储服务（Simple Storage Services, S3）构架在 Dynamo 之上，用于提供任意类型文件的临时或永久性存储，具有可靠、易用及低成本的特点。S3 存储系统的基本结构主要涉及两个概念：桶和对象。

1）桶（Bucket）

桶是用于存储对象的容器，其作用类似于文件夹，但桶不可以被嵌套，即在桶中不能创建桶。目前，Amazon 限制了每个用户创建桶的数量，但没有限制每个桶中对象的数量。桶的名称要求在整个 Amazon S3 的服务器中是全局唯一的，以避免在 S3 中数据共享时出现名称冲突。在对桶命名时，建议采用符合 DNS 要求的命名规则，以便与 CloudFront 等其他 AWS 服务配合使用。

2）对象（Object）

对象是 S3 的基本存储单元，主要由数据和元数据组成。数据可以是任意类型，但大小会受到对象最大容量的限制。元数据是数据内容的附加描述信息，分为系统默认的元数据（System Metadata）或用户自定义元数据（User Metadata）两种类型，都通过名称—值（Name-Value）集合的形式来定义。

每个对象在所在的桶中有唯一的键（Key），可以通过"桶名＋键"的形式来唯一标识对象。默认情况下，S3 中的对象存储不进行版本控制，但 S3 提供了版本控制功能。版本控制针对桶内所有对象，而非特定的某个对象。当对某个桶启用版本控制后，桶内会出现键相同但版本号不同的对象，需要通过"桶名＋键＋版本号"的形式来唯一标识对象。

S3 中支持多种桶和对象的操作，主要包括 Get、Put、List、Delete 和 Head。表 3-9 列出了 5 种操作的主要内容。

表 3-9　S3 的主要操作

操作目标	Get	Put	List	Delete	Head
桶	获取桶中对象	创建或更新桶	列出桶中所有键	删除桶	—
对象	获取对象数据和元数据	创建或更新对象	—	删除对象	获取对象元数据

（4）非关系型数据库服务 Amazon DynamoDB

当前，数据库主要分为关系型数据库和非关系型数据库。如表 3-10 所示，两类数据库在数据模型、数据处理、操作接口上都存在显著差异。相比传统关系数据库，非关系型数据库具有高可扩展性和并发处理能力，但缺乏数据一致性保证，处理事务性问题能力较弱且难以处理跨表、跨服务器的查询。

表 3-10 非关系型数据库与传统关系数据库的比较

	传统关系数据库	非关系型数据库
数据模型	对数据有严格的约束	key 和 value 的数据类型不受限制
数据处理	满足一致性和可用性，而在分区容错性方面较弱	满足可用性和分区容错性，而在一致性方面较弱
操作接口	以 SQL 语言对数据进行访问，提供了强大的查询功能，并便于在各种关系数据库间移植	通过 API 操作数据，支持简单的查询功能且由于不同数据库 API 的不同而移植性较差

DynamoDB 是 Amazon 提供的非关系型数据库服务，主要用于存储结构化的数据，并为这些数据提供查找、删除等基本的数据库功能。基本 DynamoDB 组件包括表、项目、属性。

表：DynamoDB 将数据存储在表中。表是数据的集合，与关系数据库中的表类似。

项目：每个表包含多个项目。项目是一组属性，具有不同于所有其他项目的唯一标识。类似于关系数据库中的行或元组。

属性：每个项目包含一个或多个属性。属性是基础的数据元素，类似于关系数据库中的列或字段。

DynamoDB 表中的条目不需要预先定义的模式，即每个条目可以具有不同的属性；DynamoDB 取消了对表中数据大小的限制，这使得用户可以将表的容量设置成任意需要的大小，并由系统自动分配到多个服务器上；DynamoDB 不再固定使用最终一致性数据模型，而是允许用户选择弱一致性或者强一致性；DynamoDB 在硬件上进行了优化，采用固态硬盘作为支撑，并根据用户设定的读／写流量限制预设来确定数据分布的硬盘数量，以确保每次请求的性能都是高效且稳定的。

（5）关系数据库服务 Amazon RDS

非关系数据库在处理 ACID，即原子性（Atomicity）、一致性（Consistency）、隔离性（Isolation）、持久性（Durability）类问题时存在一些先天性的不足，为了满足相关应用的需求，Amazon 提供了关系数据库服务（Relational Database Service，RDS），并实现了以下主要功能。

监控分析：RDS 是建立在关系数据库上的服务，提供了两种监控方式，RDS 控制台和 CloudWatch 服务，能自动收集数据库服务器的存储、内存使用情况及 I/O 请求、当前连接数等信息。

软件自动升级：RDS 原型还是各种主流关系数据库，如 MySQL、Oracle、SQL Server 等。随着技术的进步和需求的变化，这些数据库一直在持续不断升级中。因此，RDS 提供了自动升级功能，能够基于底层数据库的版本更新，不断升级。

自动备份：RDS 提供了自动备份，能够自动地对数据库数据及事务日志进行备份。但自动备份产生的数据文件和日志文件用户无法获取和访问，且备份文件有保留期限，超过期限的将会被删除。

数据库快照（DB Snapshots）：数据库快照也是一种类似于备份的功能。通过快照备份，数据可以恢复到快照生成的时间点，且快照文件 RDS 不会自动删除，只能手动删除。

RDS 的副本（Replication）功能：RDS 提供了数据库副本以增强可靠性和数据处理能力。根据应用目的的不同，提供了两种形式的副本，多地区部署（Multi-AZ）和可读副本（Read Replication）。若选用了多地区部署功能，则 RDS 不仅在用户指定区域建立一个主数据库实例（DB Instance），而且在其他地区建立一个副本。主数据库实例和副本的数据操作同步进行，当主数据库实例瘫痪后，副本将替代主数据库实例工作。若选用了可读副本功能，副本能够接收客户端的读请求，从而减轻主数据库实例的负载压力。但此时主数据库实例和副本的数据是异步同步的，即每隔一段时间，可读副本才从主数据库实例中同步下载最新数据。

相比自建关系数据库，Amazon RDS 实现了数据库的快速安装部署和数据库服务器托管服务，在系统的兼容性、扩展性、稳定性及和其他 Amazon 云产品的集成性上都具有优势，且支持访问安全控制和数据传输安全控制。

(6) 内容推送服务 CloudFront

CloudFront 是基于 Amazon 云计算平台的内容分发网络（Content Delivery Network，CDN）服务。借助 Amazon 部署在世界各地的边缘节点，用户可以快速、高效地对由 CloudFront 提供服务的网站进行访问。

CloudFront 的基本架构如图 3-7 所示。CloudFront 相当于 CDN 中的智能 DNS 负载均衡系统。用户实际是与 CloudFront 进行服务交互而不是直接与 S3 中的原始文件进行交互。这样既保证了 CloudFront 和 S3 的相对独立性，又使访问效率得以提高。CloudFront 服务采用了多种安全保护措施。除了所有 AWS 共有的安全措施之外，CloudFront 还向用户提供了访问日志，访问日志会记录所有通过 CloudFront 服务访问用户分发的文件的行为。通过分析访问日志，可以发现安全漏洞进而采取更严密措施保证系统安全。CloudFront 只接受安全的 HTTPS 方式而不接受 HTTP 方式进行访问，这又进一步提高了安全性。

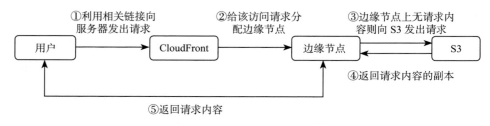

图 3-7　CloudFront 基本架构

Amazon CloudFront 内容交付网络允许通过在主要商业中心运营的区域中心全球分发数字内容。它减少了通过其分布式内容传递通道访问静态和流数据的延迟，这确保了数据从最近的 CDN 服务器传递给收件人。Amazon CloudFront 是一种即用即付模式，可以轻松地与所有 Amazon Web Services 集成。

二、Microsoft 云计算

（1）微软云计算平台概述

微软的云计算服务平台 Windows Azure 属于 PaaS 模式，一般面向的是软件开发商，主要包括以下 3 个组成部分。

① Windows Azure：微软基于云计算的操作系统，位于云计算平台最底层，是微软云计算技术的核心，提供了一个在微软数据中心服务器上运行应用程序和存储数据的 Windows 环境。

② SQL Azure：微软云计算平台的关系数据库，为云计算平台基于 SQL Server 的关系型数据提供服务。

③ Windows Azure AppFabric：是一套全面的云端中间件，服务于开发、部署和管理 Windows Azure 平台应用。部署和管理云基础架构的工作均由 AppFabric 完成，开发者只需要关心应用逻辑。

此外，Windows Azure 还包括 Windows Azure Marketplace，主要负责分享和销售基于微软云计算的服务和应用程序。

（2）微软云操作系统 Windows Azure

Windows Azure 是微软云计算战略的核心——云计算操作系统，提供了托管的、可扩展的、按需应用的计算和存储资源，以及云平台管理和动态分配资源的控制手段。不同于安装在本地的传统操作系统，Windows Azure 是一个服务平台，支持用户通过互联网访问微软数据中心运行应用程序和存储应用程序数据，主要包含以下 5 个部分。

① 计算服务。为在 Azure 平台中运行的应用提供支持，尽管 Windows Azure 编程模型与本地 Windows Server 模型不一样，但是这些应用通常被认为是在一个 Windows Server 环境下运行的。

② 存储服务。主要用来存储二进制和结构化的数据，允许存储大型二进制对象（Binary Large Objects，Blobs），提供消息队列（Queue）用于

Windows Azure 应用组件间的通信。Windows Azure 应用和本地应用都能够通过 REST 协议访问 Windows Azure 存储服务。

③ Fabric 控制器。主要用来部署、管理和监控应用。它将单个 Windows Azure 数据中心的硬件资源整合成一个整体，Windows Azure 计算和存储服务就建立在这个整合的资源池上。

④内容分发网络 CDN。主要作用是通过维持世界各地数据缓存副本，提高全球用户访问 Windows Azure 存储中的二进制数据的速度。

⑤ Windows Azure Connect。在本地计算机和 Windows Azure 之间创建 IP 级连接，使本地应用和 Azure 平台相连。

（3）微软云关系数据库 SQL Azure

SQL Azure 是微软云关系数据库，主要为用户提供云端的数据应用。它基于 SQL Server 技术构建，但开发人员无须安装、设置数据库软件，也不需要进行数据库补丁升级或数据库管理。SQL Azure 还为用户提供了内置的高可用性和容错能力。

SQL Azure 主要包含 4 个层次，如图 3-8 所示。

1）客户端层（Client Layer）

SQL Azure 支持表格数据流（Tabular Data Stream，TDS）协议。外部应用程序可以使用 ADO.NET、ODBC 或是专供给 PHP 的驱动程序产生 TDS，并通过 SSL（TDS over SSL）传送至 SQL Azure。对于轻量级或是 Web 2.0 级的应用程序，则可以在 Windows Azure 中架设一个 Service，利用该 Service 来访问 SQL Azure，或是利用 ADO.NET Data Services 的方式，向外提供 REST API 以访问 SQL Azure。

2）服务层（Service Layer）

服务层是客户端应用程序与平台服务层之间的一个闸道，并且提供了数据发布（Provisioning）、计费和计量（Billing and Metering）及连接绕送（Connection Routing）。在此层中，会使用指定的 Azure 服务平台账户来计算访问流量等参数以作为计费标准，同时将命令绕送至实际存在数据的服务器位置运行服务。

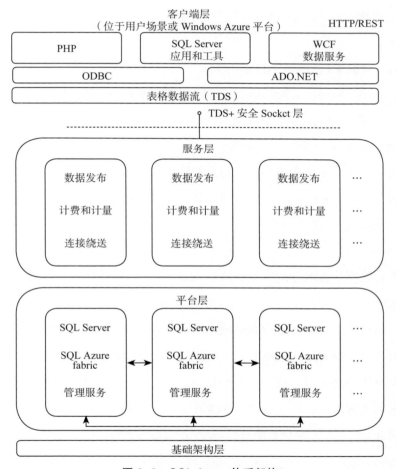

图 3-8 SQL Azure 体系架构

3）平台层（Platform Layer）

平台层是实际提供数据服务的一群物理服务器及虚拟服务器群。这些服务器群拥有多个 SQL Server 运行个体，还包括对应的 SQL Azure fabric 和管理服务（Management Service）。SQL Azure fabric 提供了多物理服务器主机间的自动化备援（Failover）、负载平衡（Load Balancing）及数据库复制等重要功能。管理服务提供了服务器的健康监控、软件自动更新与修补等功能。

4）基础架构层（Infrastructure Layer）

基础架构层提供了支持服务层所需的 IT 基础架构、物理服务器与操作系统等。

（4）Windows Azure AppFabric

Windows Azure AppFabric 在 Windows Azure 开发模型上提供了一套 PaaS 服务，以支持 Windows Azure 平台应用的开发、部署和管理。它通过在更高层次上抽象端对端应用，使得开发更加高效，并且通过利用底层硬件功能和软件基础设施，使得应用维护变得更加轻松。

AppFabric 主要提供的服务包括服务总线（Service Bus）、访问控制（Access Control）和高速缓存（Caching）。

1）服务总线

服务总线用于将本地的服务暴露给 Internet。局域网环境下，每台服务器通常对外都没有一个确定的地址，且出于安全性考虑，防火墙往往限制了大多数的端口，因此在 Internet 上访问部署在本地的服务变得相当困难。服务总线能够有效解决这一问题。它作为一个"中间人"，云服务和客户端全都作为服务总线的客户端与之进行交流。由于 Service Bus 不存在网络地址转换问题，服务和客户端都很方便地能与之通信。极端情况下，只需要服务器能够以 HTTP（S）协议访问 Internet，云服务就能连上 Service Bus 对外服务。

2）访问控制

访问控制服务被用于云计算环境下的权限管理。它支持 federated authentication 和 authorization。用户可以通过企业内部的 Active Directory Federation Server（ADFS）进行身份验证，使用他们的域账号登录，将验证后的 claim 传给访问控制服务，然后根据预先在访问控制服务中设定的规则来给予或者否认用户访问云服务和资源的权限。访问控制服务也具有良好的跨平台性。

通过对 WRAP 和 SAML 等标准协议的支持，可以实现各种其他的身份验证方式。

3）高速缓存

在应用执行过程中，数据的重复访问是不可避免的。缓存经常被访问的数据，能够有效提升应用执行的速度，这就是高速缓存服务。AppFabrie 高速缓存服务为 Windows Azure 应用提供了一个分布式缓存，同时为访问高速缓存提供了一个高速缓存库。高速缓存服务保存每个应用角色实例近期访问数据条款副本。如果应用需求的数据条款不在本地的高速缓存中，高速缓存库将会自动地连接高速缓存服务提供的共享高速缓存。

三、阿里云计算

阿里云创立于 2009 年，于 2010 年对外开放其在云计算领域的技术服务能力。用户通过阿里云，通过互联网即可远程获取海量计算、存储资源和大数据处理能力。目前，阿里云已成为国际国内领先的公共云计算服务提供商。

阿里云产品体系包括底层技术平台、IaaS 基础服务，以及数据库、中间件、大数据、管理与监控、云盾安全等多种类型的 PaaS 服务。典型的云产品或服务包括云服务器 ECS、对象存储服务 OSS、云数据库 RDS。

（1）云服务器 ECS

阿里云服务器（Elastic Compute Service，ECS）是一种简单高效，处理能力可弹性伸缩的计算服务，主要包含以下功能组件。

实例：等同于一台虚拟服务器，内含 CPU、内存、操作系统、网络配置、磁盘等基础的计算组件。实例的计算性能、内存性能和适用业务场景由实例规格决定，其具体性能指标包括实例 CPU 核数、内存大小、网络性能等。

镜像：提供实例的操作系统、初始化应用数据及预装的软件。操作系统支持多种 Linux 发行版和多种 Windows Server 版本。

块存储：块设备类型产品，具备高性能和低时延的特性，提供基于分布式存储架构的云盘、共享块存储及基于物理机本地存储的本地盘。

快照：某一时间点一块云盘或共享块存储的数据状态文件，常用于数据备份、数据恢复和制作自定义镜像等。

安全组：由同一地域内具有相同保护需求并相互信任的实例组成，是一种虚拟防火墙，用于设置实例的网络访问控制。

网络：包括专有网络和经典网络两种类型。前者是逻辑上彻底隔离的云上私有网络，可以自行分配私网 IP 地址范围、配置路由表和网关等。后者是所有网络实例都建立在一个共用的基础网络上，由阿里云统一规划和管理网络配置。

（2）对象存储 OSS

阿里云对象存储服务（Object Storage Service，OSS），是一种海量、安全、低成本、高可靠的云存储服务，适合存放任意类型的文件，其容量和处理能力可弹性扩展，并支持标准存储、低频访问存储、归档存储多种存储方式。

对比自建存储，OSS 主要具有以下优势。

可靠性：OSS 的多重冗余架构设计为数据持久存储提供可靠保障，服务设计可用性不低于 99.995%，数据设计持久性不低于 99.9999999999%。

安全：提供服务端加密、客户端加密、防盗链、IP 黑白名单、细粒度权限管控、日志审计、WORM 特性等多层次安全防护，支持多用户资源隔离机制和异地容灾机制。

智能存储：提供图片处理、视频截帧、文档预览、图片场景识别、人脸识别、SQL 就地查询等多种数据处理能力，无缝对接 Hadoop 生态，以及阿里云函数计算、EMR、Data Lake Analytics、BatchCompute、MaxCompute、DBS 等产品，满足企业数据分析与管理的需求。

方便、快捷的使用方式：提供标准的 RESTful API 接口、丰富的 SDK 包、客户端工具、控制台，支持像使用文件一样方便地上传、下载、检索、管理用于 Web 网站或者移动应用的海量数据。不限文件数量和大小，支持流式写入和读出、支持数据生命周期管理。

数据冗余机制：将每个对象的不同冗余存储在同一个区域内多个设施的多个设备上，可支持两个存储设施并发损坏时，仍维持数据不丢失。数据存入OSS 后，OSS 会检测和修复丢失的冗余，确保数据可靠性和可用性；OSS 也会周期性地通过校验等方式验证数据的完整性，及时发现因硬件失效等原因造成的数据损坏，并利用冗余的数据，进行重建并修复。

丰富、强大的增值服务：支持多种图片格式的转换，以及缩略图、剪裁、水印、缩放等多种操作；提供高质量、高速并行的音视频转码能力；支持内容加速分发。

（3）云数据库 RDS

阿里云关系型数据库（Relational Database Service，RDS）是一种稳定可靠、可弹性伸缩的在线数据库服务。基于阿里云分布式文件系统和 SSD 盘高性能存储，RDS 支持 MySQL、SQL Server、PostgreSQL、PPAS（Postgre Plus Advanced Server，高度兼容 Oracle 数据库）和 MariaDB TX 引擎，并且提供了容灾、备份、恢复、监控、迁移等方面的全套解决方案。

RDS 主要包括数据链路服务、高可用服务、备份服务、监控服务、调度服务、迁移服务六大核心服务。

1）数据链路服务

主要提供表结构和数据的增删改查等操作，包括以下几个方面。

DNS 模块：提供域名到 IP 的动态解析功能，以便屏蔽 RDS 实例 IP 地址变化带来的影响。

SLB 模块：提供实例 IP 地址（包括内网和外网 IP），以便屏蔽物理服务器变化带来的影响。

Proxy 模块：提供数据路由、流量探测和会话保持等功能。

DBEngine：支持 MySQL、MSSOL server、PostgreSQL、PPAS、Oracle等主流数据库协议。

DMS（Data Management Service）：提供访问管理云端数据的 Web 服务，实现数据管理、对象管理、数据流转和实例管理等功能。

2）高可用服务

主要保障数据链路服务的可用性，并处理数据库内部的异常，包括以下几个方面。

Detection 模块：负责检测 DBEngine 的主节点和备节点是否提供了正常的服务。

Repair 模块：负责维护 DBEngine 的主节点和备节点之间的复制关系，也负责修复主节点或者备节点在日常运行中出现的错误。

Notice 模块：负责将主备节点的状态变动通知到 SLB 或者 Proxy，保证用户访问正确的节点。

3）备份服务

主要提供数据的离线备份、转储和恢复，包括以下几个方面。

Backup 模块：负责将主备节点上的数据和日志压缩并上传到 OSS 上面，在特定场景下还支持将备份文件转储到更加廉价和持久的 OAS 上。

Recovery 模块：负责将 OSS 上面的备份文件恢复到目标节点上。

Storage 模块：负责备份文件的上传、转储和下载。

4）监控服务

主要提供服务、网络、操作系统和实例层面的状态跟踪，包括以下几个方面。

Service 模块：负责服务级别的状态跟踪。

Network 模块：负责网络层面的状态跟踪。

OS 模块：负责硬件和 OS 内核层面的状态跟踪。

Instance 模块：服务 RDS 实例级别的信息采集。

5）调度服务

主要提供资源调配和实例版本管理，包括以下几个方面。

Resource 模块：主要负责 RDS 底层资源的分配和整合，对用户而言就是实例的开通和迁移。

Version 模块：主要负责 RDS 实例的版本升级。

6）迁移服务

主要帮助用户把数据从自建数据库迁移到 RDS 里面，包括以下几个方面。

DTS（Data Transfer Service）：这是一个云上的数据传输服务，支持多种数据库，并提供结构迁移、全量迁移和增量迁移服务。

FTP 模块：主要负责 RDS for MSSQLServe 的全量迁移上云。RDS 提供多种安全措施，保证数据安全。

防 DDoS 攻击：当 RDS 安全体系认为 RDS 实例正在遭受 DDoS 攻击时，会首先启动流量清洗功能，如果流量清洗无法抵御攻击或者攻击达到黑洞阈值时，将会进行黑洞处理，保证 RDS 服务的可用性。

检测 SQL 注入威胁：云安全中心基于第三代 SQL 注入威胁检测数据智能算法引擎，支持检测 RDS 的 SQL 注入威胁，实时识别潜在的数据安全风险。

访问控制策略：用户可以为每个实例定义 IP 白名单，只有白名单中的 IP 地址所属的设备才能访问 RDS；账号之间实现资源隔离，每个账号只能查看和操作自己的数据库。

系统安全：RDS 处于多层防火墙的保护之下，可以有力地抗击各种恶意攻击，保证数据的安全；RDS 服务器不允许直接登录，只开放特定的数据库服务所需要的端口。RDS 服务器不允许主动向外发起连接，只能接受被动访问。

数据加密：阿里云提供各类加密功能，保障用户数据安全。

四、Google 云计算

Google 拥有全球最强大的搜索引擎，还有 Google Maps、Google Earth、Gmail、YouTube 等多样化业务。这些应用的共性在于数据量巨大且要面向全球用户提供实时服务，因此迫切需要解决海量数据存储和快速处理问题。这些需求使 Google 成为云计算的最大实践者，前述 Google 文件系统（GFS）、Map/Reduce 编程模式、分布式的锁机制 Chubby、大规模分布式数据库管理系统 BigTable 共同构成 Google 云计算基础架构。

但是 Google 的云计算平台更多的是作为一种私有环境，除了有限地开放应用程序接口，Google 绝大部分的云计算内部基础设施主要用于支持自身的应用。幸运的是，Google 公开了其内部集群计算环境的一部分技术文档，这使得全球的技术开发人员能够根据这一部分文档，构建开源的大规模数据处理云计算基础设施。其中，最有名的项目是 Apache 旗下的 Hadoop 项目。

第六节　云计算的未来

一、云计算的技术发展趋势

（1）数据中心向整合化和绿色节能方向发展

为满足高利用率、一体化、低功耗、自动化管理的需求，整合化将成为云计算数据中心的发展方向。数据中心不仅要整合供配电、精密制冷等物理环境，以解决基础设施的可靠性和可用性问题，也要整合基础设施的管理系统，引入自动化和智能化管理软件，提升管理运营效率。进一步还需要整合存储设备、服务器等的优化、升级，以及推出更先进的服务器和存储设备。

绿色数据中心也是云计算数据中心的发展方向。现有服务器虚拟化、网络设备智能化等技术可以实现数据中心的局部节能，但远不能完全满足绿色数据中心的要求。以数据中心为整体目标来实现节能降耗正成为重要的发展方向。数据中心高温化、低功耗服务器和芯片产品等都将是研发的重点。

（2）应用拓展驱动虚拟化技术创新

虚拟化是云计算技术的核心。近年来，各大厂商纷纷进军虚拟化领域，虚拟化市场大幅升温，虚拟化技术的应用范围将越来越广泛，驱动虚拟化技术向提升开放性、安全性、兼容性及用户体验方向发展。平台开放化将成为趋势，多种厂家的虚拟机可以在开放的平台架构下共存；公有云私有化将日益普及，确保用户在享受公有云的服务便利性的同时，保障私有数据的安全性；连接协议将实现标准化，有效解决终端和云平台之间的广泛兼容性；终端芯片将逐步加强对虚拟化的支持，通过硬件辅助处理来提升 2D/3D/ 视频 /Flash 等富媒体的用户体验。

（3）海量存储技术进入创新高峰期

基于云的海量数据应用正成为云计算新的价值高点。随着海量数据应用需求的飞速增长，海量存储技术将成为云计算下一阶段的创新焦点，安全性、便携性及高效的数据访问是重要的发展方向。大规模分布式存储技术将进入创新高峰期。基于块设备的分布式文件系统将数据冗余部署在大量廉价的普通存储上，通过并行和分布式计算技术提供优秀的数据冗余功能，且由于采用了分布式并发数据处理技术，众多存储节点可以同时向用户提供高性能的数据存取服务，也保证了数据传输的高效性，因而将成为研发创新的重点。此外，P2P 存储、数据网格、智能海量存储系统等也是海量存储技术发展的重要方向。

（4）云安全技术发展将全面提速

云计算虚拟化、资源共享的特点提供了新的应用模式，也带来新的安全风险。例如，数据高度集中使数据泄漏风险激增、多客户端访问增加了数据被截获的风险等。安全与隐私将成为关注焦点，云计算提供商要充分结合云计算特点和用户要求，提供整体化安全解决方案，云基础设施安全、数据安全、认证和访问管理安全、审计合规性及云服务提供商与用户的信任机制等都是需要解决的问题。为适应云计算的特点和安全需求，云计算安全技术在加密技术、信任技术、安全解决方案、安全服务模式等多个方面将加快发展。

二、云计算发展面临的挑战

（1）数据的安全问题

云计算为数据提供了无限的存储空间，也为数据的处理提供了无限的计算

能力，但数据安全成为用户关心的首要问题。数据的安全不仅要保证数据不会
丢失和损坏，也要保证数据不会被泄露和非法访问。所有权与控制权分离的云
服务特性使得用户对云端数据的安全存在着质疑，成为云计算发展面临的重大
挑战。

（2）网络的性能问题

通过网络灵活便捷地访问是云计算的优势，也可能成为云计算的重要瓶颈。
接入网络的带宽较低或不稳定都会使云计算的性能和用户体验大打折扣。提高
网络性能是云计算面临的重大挑战，海量数据处理等高带宽需求的云服务的增
长不断提升这一挑战的难度。

（3）标准的统一问题

尽管国际国内云计算相关标准次第出台，但远未能覆盖云计算所涉及的所
有技术和服务内容。且主流云计算平台和服务的兼容性和开放性不高，用户往
往难以实现跨平台的云应用迁移或混合使用，大大降低了云服务的转移弹性、
应用的可拓展性，阻碍了云服务的全面推广。

（4）能耗的优化问题

处理海量数据，云计算数据中心需要大量电能，对高密度服务器的冷却，
也需要大量的能源。统计数据显示，2010 年德国信息通信技术领域消耗的能源
占据了德国总能耗的 11%。提升数据中心的运行效率、降低能耗已成为政府和
企业日趋关注的问题，也成为云计算进一步发展的重要挑战。

三、后云计算时代的新计算模式——近端云计算

随着普适计算和泛在化网络技术的快速发展，智能电网、虚拟／增强现实、
无人驾驶等新型网络应用和服务不断涌现，以集中式计算和存储为主要特征的
云计算已经难以满足需求。近年来，雾计算、移动边缘计算、边缘计算等近端
云计算模式相继被提出并日益受到关注，其基本思想都是将云计算基础设施从

距离用户较远的数据中心移至距离用户终端较近的边缘路由器、移动基站或者服务器上，以克服云计算的技术和应用瓶颈。

（1）雾计算（Fog／Mist Computing）

针对车联网、智慧电网、智慧城市等物联网应用场景，云计算在无线接入、移动支持和位置及环境感知、传感节点数据的及时和快速处理、节点异构、互操作及协作、实时处理等方面无法满足需求。雾计算的提出主要是为了克服云计算在物联网场景中的这些不足。其概念最早由网络设备厂商 Cisco 公司在2011 年提出。OpenFog 联盟（OpenFog Consortium）对雾计算的定义为：雾计算是一个系统级的水平体系结构，它将计算、存储、控制和网络的资源和服务部署在云到物之间的任何地方。

Bonomi 等人给出了物联网应用的理想模式和计算体系结构，如图 3-9 所示，雾计算是云计算的一种扩展，为了响应物联网场景下的位置服务、上下文感知等需求，雾计算引入了一些新的特性。

强调数量：介于云计算和个人计算之间，是半虚拟化的服务计算架构模型，强调数量，不管单个计算节点能力多么弱都要发挥作用。

云到物体的连续服务：架构呈分布式，将数据、数据处理和应用程序部署到网络边缘的设备中，即云和物体之间接近物体的地方，数据的存储及处理更依赖本地设备，而非服务器。

系统级：从物体，到网络边缘，再到云，跨多个协议层。

随着物联网应用的发展，满足不同物联网应用场景需要的各种智能雾服务器将会被研发并应用。这些智能服务器将集多种传感器、通信、计算和存储等功能为一体，可以独立为物联网应用提供场区范围的无线网络接入服务、位置服务、数据缓冲和中继服务等。通过智能雾服务器之间的协作和沟通，为各种物联网应用提供强大的支撑平台。

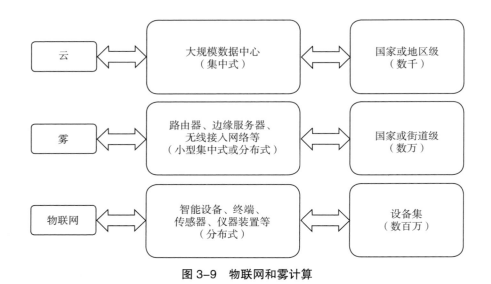

图 3-9　物联网和雾计算

（2）多通路边缘计算（Multi-access Edge Computing）

5G 网络具有范围广、高带宽、延迟短（毫秒级）、软件定义无线电、D2D 通信等特点，支持应用范围更广，但也给云计算带来了数据内容高效分发、代码／计算／数据／网络动态卸载、移动大数据实时分析、端端协作与应用精准快速响应等挑战。移动边缘计算（Mobile Edge Computing，MEC）被提出以应对移动蜂窝场景，尤其是 5G 应用场景下的上述云计算挑战。随着移动边缘计算概念的发展，访问通路已经不仅局限于移动蜂窝网络，还包括 WiFi 网络及有线网络，因此在保持英文 MEC 缩写的基础上，欧洲电信标准化协会（ETSI）将其概念改名为多通路边缘计算（Multi-access Edge Computing，MEC），其初始定义如下：MEC 在移动网络的边缘为应用程序开发者和内容提供商提供云计算功能和 IT 服务环境。这种环境的特点是具有超低延迟和高带宽，并且应用程序可以实时访问无线网络信息。

如图 3-10 所示，MEC 支持 3G/4G/5G 等蜂窝网络、有线网络和 WiFi 等无线网络场景下的计算卸载、协作计算、Web 服务内容优化、内容缓存和快速访问等应用，可以为连接基站的移动终端提供低延迟的访问服务、位置感知服务、就近的计算和存储服务。与雾服务器可以连续部署在从智能物体到远端云计算中心的路径上不同，MEC 服务器主要部署在网络边缘的基站中。

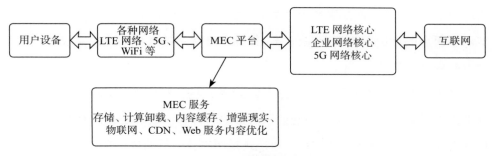

图 3-10　MEC 架构和应用示意

由于 MEC 服务器已经具备基站的通信和定位功能，因此从功能和形态上来看，多通路边缘采用普通服务器的可能性远高于雾计算。随着 5G 技术的商业化应用和发展，当前 MEC 服务器所采用的 IaaS 和虚拟机技术，有望发展为 PaaS 和 SaaS 技术，各种全新的移动增值服务将被开发出来。

（3）边缘计算（Edge Computing）

边缘计算主要由美国卡内基梅隆大学（Carnegie Mellon University，CMU）在 2015 年所倡导，旨在从学术研究层面上提出一个比雾计算和移动边缘计算更加具有广泛描述意义的计算模式。2015 年，CMU 联合 Vodafone 和 Intel 等公司成立了开放边缘计算倡议组织（Open Edge Computing Initiative），并对边缘计算定义如下：边缘计算是一种提供相互连接起来的计算和存储资源的新式网络功能，这种网络功能位于用户所在位置的附近。

从上述定义可以看出，边缘计算与多通路边缘计算类似，实质上只是将移动边缘计算部署的位置从原来的基站扩展到家庭宽带调制解调器、WiFi 无线接入点设备及边缘路由器等设备上，从而实现通过极低延迟提高用户体验，通过边缘服务减少数据流量。

(4) 露计算与透明计算

露计算由学术界在 2012 年提出，在 2015 年以论文的形式阐述了露计算的基础架构"云—露"架构。与传统的客户端—服务器架构相比，"云—露"架构增加了露服务器，即部署在用户本地电脑上的 Web 服务器。因此，在"云—露"架构中用户的数据不仅保存在云端，还保存在用户的本地，可以实现在没有互联网连接时的 Web 访问。

透明计算是由国内研究人员在 2005 年提出的一种网络计算模式。在透明计算中，由距离固定终端较近的透明服务器执行操作系统和应用软件的集中管理和流式调度运行。因此，终端用户可以选择所需要运行的操作系统和应用软件，而无须考虑本地的存储空间和软件安装等管理和维护问题。2016 年，研究人员对透明计算的概念和结构进行了扩展，将固定终端扩展到移动智能终端，将固定网络扩展到异构网络环境，在本地智能终端、相邻终端、近端服务器及远端云计算服务器之间统一进行资源管理和指令的流式调度执行，克服了云计算单一中心运行模式所带来的问题。

第四章

人工智能的手段——深度学习

　　无论是颓垣败井的废土世界，抑或是光怪陆离的星际穿越，科幻电影用天马行空的想象塑造了无数出神入化的 AI 形象，满足了人类对硬核科技与未知生活方式的向往。人工智能永远是硬科幻电影的宠儿，正如火爆的《头号玩家》，填补了人类探寻未来意义的心理沟壑。当然，科幻电影存在的意义不止于此，可以说科幻电影是科技行业的启蒙者。移动电话之父马丁·库帕正是受了《星际迷航》中"通信器"的启发，发明了第一台移动电话；大家熟知的 iPad、视频通话及包括 Siri 在内的现有语音助手的原型都来源于《2001 漫游太空》。人工智能作为科幻电影的标配，被视为下一个从荧幕上走出来的科技。

　　深度学习的出现，让人工智能搭上了高速列车，虽然强人工智能还未实现，但弱人工智能已经逐渐走进了我们的生活。完整的智能家居控制系统让居住者可以方便地进行远程监督与控制；医疗辅助诊断可以提高手术的成功率、降低病人的风险、提高诊断的速度；人工智能监控设备的出现，使得对公共区域的监控范围越来越大，同时也是打击罪犯的一大利器，还能在一定程度上起到保护网络安全的作用……

　　那么，深度学习是如何实现上述提到的功能的呢？让我们带着期待一起揭开这层神秘的面纱吧！

第一节　深度学习的概念与发展

　　接下来我们引用李开复老师在《人工智能》一书中生动的比喻来理解什么是深度学习。假设深度学习要处理的信息是"水流"，那么处理数据的深度学习网络可以看成是一个由管道和阀门组成的巨大水管网络。网络的入口是若干管道开口，网络的出口也是若干管道开口。这个水管网络有许多层，每一层有许多可以控制水流流向与流量的调节阀。根据不同任务的需要，水管网络的层数、每层的调节阀数量可以有不同的变化组合。对复杂任务而言，调节阀的总数可以成千上万甚至更多。水管网络中，每一层的每个调节阀都通过水管与下一层的所有调节阀连接起来，组成一个从前到后，逐层完全连通的水流系统[3]。

　　我们以识别图片中的动物为例，认识计算机是如何使用这个庞大的水管网络来识别动物类别的？当计算机看到一张有一只猫的图片，首先用"0"和"1"组成的数字来表示图片中的每个像素点，然后全部变成信息的水流，从管道入口进入水管网络。我们预先在水管网络的每个出口处设置一个动物类别，因为输入的是"猫"这个类别，等水流流过水管网络系统后，计算机会到每个出口位置看一下是否标记"猫"类别的管道出口流出来的水是最多的。如果是这样，说明这个管道网络设计是符合要求的。否则，需要调节水管网络的各个调节阀，直到最后"猫"类出口水流量最大，如图 4-1 所示。

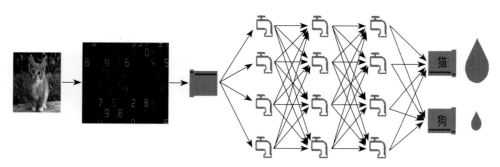

图 4-1　深度学习识别猫类别原理

　　庆幸的是，计算机计算速度足够快，加上对算法的优化，因此，即使调节这么多阀门，仍然可以在可接受的时间里调节好各个阀门，给出一个好的解决方案。

　　下一步，学习类别狗时，我们采用类似的方法，把每一张包含狗的图片变成一堆由"0""1"数字组成的水流，将其输入到水管网络，判断对应"狗"类别的管道出口水流量是否最大，如果不是，我们需要依次调整所有的阀门。值得注意的是，这一次对阀门的调整，既要保证刚才学习过的"猫"类别不受影响，也要保证新的"狗"类别可以被正确识别。

　　如此反复进行，直到所有动物对应的水流都可以按照期望的方式流过水管网络系统，此时，所有的阀门都调节到位，我们就可以说，这个网络是一个训练好的可用来识别动物类别的深度学习模型了。我们只需要将未知的图片送入该水管网络，然后判断哪个出口水流量最大，这张图片中包含的动物就属于哪个类别，这就是我们平常所说的测试过程，即深度学习应用过程，如图4-2所示。

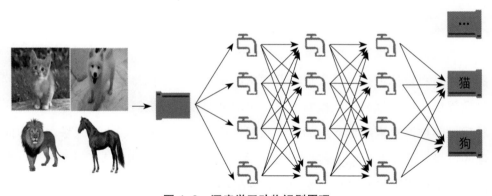

图4-2　深度学习动物识别原理

　　深度学习大致可以用上述水管网络去描述，尽管不是特别准确，但是对于入门级新手理解再合适不过了。本质上，深度学习是利用计算机的大规模运算能力，从大量训练数据中提取特征、总结规律，最后得出结论的一种半理论、半经验性的建模方式。上面只是用一个形象的例子为大家做了解释，下面还是带大家正式认识一下深度学习吧！

一、深度学习的定义

美国麻省理工学院的温斯顿教授认为："人工智能就是研究如何使计算机去做过去只有人才能做的智能工作"。而另一个美国麻省理工学院的尼尔逊教授认为："人工智能是关于知识的学科——怎样表示知识及怎样获得知识并使用知识的科学"。这些说法反映了人工智能学科的基本内容和基本思想。我们可以理解为人工智能就是为机器赋予人的智能，如何让计算机去完成以往需要人的智力才能胜任的工作，去像人脑一样思考就是人工智能学科所涉及的范畴。

如果说人工智能是为机器赋予人的智能，那么机器学习就是一种实现人工智能的方法。机器学习理论主要是分析和设计一些让计算机可以自动"学习"的算法，主要表现形式为使用算法来解析数据、分析并学习规律，然后对真实世界中的事件做出决策。众所周知，我们还没有实现强人工智能，早期机器学习方法甚至都无法实现弱人工智能。

随着时间的推进，学习算法的发展改变了一切，特别是深度学习的出现。深度学习可以认为是一种实现机器学习的技术，是从机器学习中的人工神经网络发展出来的新领域。从根本上说，深度学习和所有机器学习方法一样，是一种用数学模型对真实世界中的大量数据进行分析建模，以解决该领域内相似问题的过程。更具体点说，深度学习是一种可令电脑形成大规模人工神经网络（类似于人脑神经网络）的机器学习。在深度学习过程中，大型人工神经网络会被不断灌输大量数据及学习算法，从而持续地提升其"分析"和"学习"处理更多数据的能力。"深度"是指随着时间的推移神经网络积累的众多层次，而性能则会随着网络层数的加深不断提高。尽管当前大多数深度学习模型还需在人工监督下完成，但人类最终的目标是要打造可独立进行自我"培训"和"学习"的神经网络，达到所谓的强人工智能，甚至是超人工智能。

二、深度学习的发展历程

近年来深度学习井喷式的发展，在国内外引起了广泛的关注。然而它的火热却不是一时兴起。可以说深度学习的爆发是必然的，只是大数据与高性能计算平台的推动，让它快速地出现在了大家的视野中。

（1）深度学习的起源阶段

1943 年，美国神经科学家麦卡洛克和美国数学家皮兹在《数学生物物理学公告》上发表论文《神经活动中内在思想的逻辑演算》，提出了 MP 神经元模型。所谓 MP 模型，其实就是通过模仿生物神经元的结构和工作原理而构造的一个简化和抽象的数学模型，本质上它是一种"模拟人类大脑"的神经元模型，即能够用计算机来模拟人的神经元反应的过程。

图 4-3 是人脑中神经元的简化模型。一个神经元通常有多个树突，主要用来接收传入的信息，而轴突只有一条，其尾端有许多轴突末梢用来给其他多个神经元传递信息。轴突末梢和其他神经元的树突连接，从而实现信号的传递。这个连接的位置在生物学上叫作"突触"。

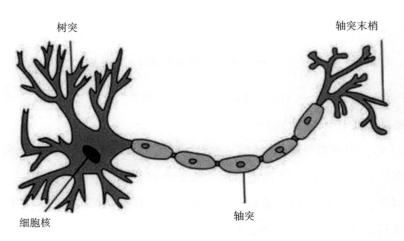

图 4-3　神经元结构

MP 神经元模型将神经元简化为一个包含输入、输出与计算功能的模型。其中输入类比为神经元的树突，输出类比为神经元的轴突，计算类比为细胞核。图 4-4 是一个典型的神经元模型，其数学表达式为：

$$y_j = f\left(\sum_{i=1}^{n} w_{ij} x_i - \theta_j\right) 。 \tag{4-1}$$

每个神经元的输出为非"0"即"1"，其中"0"表示"抑制"，"1"表示"兴奋"。$f(x)$ 是一种阶跃函数，当输入 x_i 的加权和 $\sum_{i=1}^{n} w_{ij} x_i$ 大于阈值 θ_j 时，神经元的输出 $y_i = 1$，即神经元处于"兴奋状态"；反之，当输入 x_i 的加权和 $\sum_{i=1}^{n} w_{ij} x_i$ 小于阈值 θ_j 时，神经元的输出 $y_i = 0$，即神经元处于"抑制状态"。

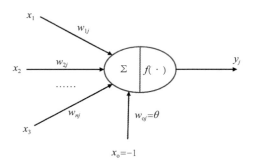

图 4-4　MP 神经元模型

MP 模型建立了第一个具有生物神经元基本特性的人工神经元，是整个人工神经网络的基础，开创了神经网络的新时代。

1957 年，美国康奈尔大学的心理学家弗兰克·罗森布拉特为 MP 模型加入了学习算法，第一次将 MP 模型应用于机器学习算法，称之为感知机。感知机非常类似于现在的机器学习模型，其本质上是一种线性模型，可以对输入的多维数据进行二分类，并且能够根据模型的输出 y 与我们期望的输出 y^* 之间的误差，调整权重来完成学习。1962 年，该算法被证明能够收敛，自此引起了第一次神经网络的热潮。

　　接下来我们看一下感知机的具体结构。从结构上说，此时的感知机是单层结构，就是多个 MP 模型的累叠，模型结构如图 4-5 所示。由图可见，单层感知机只有输入层和输出层，分别对应神经元的神经感受器和神经中枢。前面也提到了，感知机与 MP 模型最主要的区别在于感知机中引入了学习的概念，因此，感知机被称为最初的神经网络模型。

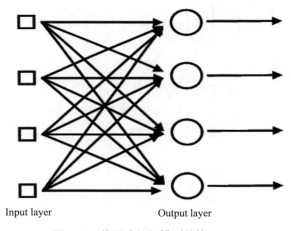

Input layer　　　　　　Output layer

图 4-5　单层感知机模型结构

　　然而，随着研究的深入，神经网络的探索也遭遇了挑战。1969 年，美国数学家及人工智能先驱马文·明斯基在其著作《感知机》中证明了感知机只能处理线性分类问题，其本质上是一种线性模型，哪怕是最简单的异或问题都无法正确分类。这个致命的缺陷直接宣判了感知机的死刑，神经网络的研究也陷入了将近 20 年的停滞。

　　（2）深度学习的发展阶段

　　第一次打破非线性魔咒的当属现代深度学习鼻祖级人物杰弗里·辛顿（Hinton），其在 1986 年发明了适用于多层感知机（MLP）的反向传播算法——BP 算法。BP 算法的核心是在传统神经网络前向传播的基础上，增加误差或损失的反向传播过程。反向传播不停地调整神经元之间的权值和阈值，直至输出的误差减小到可忍受的范围，或迭代次数达到预先设定的训练次数为止。图 4-6 为 BP 算法权重更新的可视化结果。细箭头代表权重 w_5 的更新过程，粗箭头代表权重 w_1 的更新过程。其中，x_i、w_i、h_i、o_i 分别表示输入层参数、权重参数、隐层与输出层，E 表示算法预测输出与实际值之间的误差值。

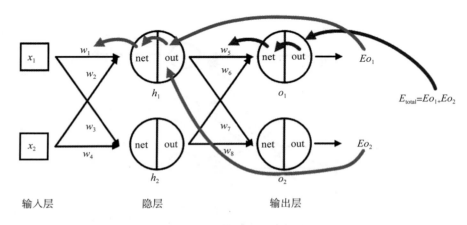

图 4-6　BP 算法权重更新可视化

BP 算法的提出，有效解决了非线性分类问题，也让神经网络的研究重新回到大家的视野，引起了神经网络的第二次热潮。

1989 年，纽约大学终身教授、深度学习三巨头之一的杨立昆（LeCun）发明了卷积神经网络—LeNet，并将其用于手写数字识别，取得了较好的成绩。LeNet 网络可以说是卷积神经网络（CNN）的开端，网络虽然很小，但它包含了深度学习的基本模块：卷积层、池化层及全连接层，是学习其他网络模型的基础。网络共包括 7 层，每层都包含可训练参数及多个特征图，详细信息会在介绍卷积神经网络时介绍。

纵观科学发展史，无疑都是充满曲折的，深度学习也毫不例外。1989 年以后，由于没有特别突出的方法被提出，且神经网络一直缺少严格的数学理论支持，神经网络的热潮逐渐冷淡下去。冰点来自 1991 年，BP 算法被指出存在"梯度消失"的问题，即在误差梯度反向传播的过程中，误差梯度越来越小，传到前层时几乎为 0，因此无法对前层进行有效的学习，该发现再一次阻碍了神经网络的发展。加之统计学习方法如决策树、SVM、AdaBoost、随机森林等被提出，其不仅有严格的理论推导支持，而且可以成功地解决非线性分类问题。神经网络的发展又陷入了停滞。

（3）深度学习的爆发阶段

2006 年，加拿大多伦多大学教授、机器学习领域泰斗、神经网络之父——杰弗里·辛顿（Hinton）和他的学生在顶尖学术刊物《科学》上发表了一篇文章[14]，该文章提出了深层神经网络训练过程中"梯度消失"问题的解决方法：通过无监督预训练对权值进行初始化，有监督训练微调网络权值。其主要思想是先通过自学习的方法学习到训练数据的结构，然后在该结构上进行有监督训练微调。至此，斯坦福大学、纽约大学、加拿大蒙特利尔大学等成为研究深度学习的重镇，开启了深度学习在学术界和工业界的浪潮。

深度学习的真正井喷式发展起源于 2012 年，在著名的大规模视觉识别挑战赛（ImageNet）中，杰弗里·辛顿（Hinton）领导的小组采用自己构建的 CNN 网络模型 AlexNet[15] 打败了谷歌团队，一举夺冠。AlexNet 首次采用 ReLU 激活函数，有效解决了梯度消失问题，并采用 GPU 极大地提高了网络收敛的速度。同年 6 月，斯坦福大学著名教授吴恩达与世界顶尖计算机专家杰夫·迪恩共同主导的深度神经网络——DNN 技术在语音及图像识别等领域取得了惊人的成绩。深度学习算法在世界大赛中的脱颖而出，再一次吸引了学术界和工业界对深度学习领域的关注。

得益于深度学习的良好表现，截至 2016 年，ImageNet 比赛的分类错误率从 0.28 降到了 0.03，物体识别的平均准确率也从 0.23 上升到了 0.66。

2014 年，Facebook 在计算机视觉与模式识别领域取得了一项重大成就，他们的研究人员参考了过去人脸识别的局限性，成功地利用 3D 建模技术将人脸识别准确率提高到 97.25%。要知道人类的平均水平也只有 97.5%，这样的结果直接证明了深度学习在图像识别方面的强大优势，对计算机视觉领域具有巨大的应用潜力。

2016 年，不得不说的就是一直占据热搜的围棋人机大战，谷歌旗下 Deep Mind 公司基于深度学习开发的电脑围棋软件 AlphaGo 以 4 ∶ 1 的比分战胜了围棋世界冠军、韩国围棋九段棋手李世石。2016 年年末至 2017 年年初，AlphaGo 与中日韩多位围棋高手进行对决，连续 60 局无一败绩。2017 年 5 月，来自中国的天才棋手、排名世界第一的围棋冠军柯洁与 AlphaGo 迎来世纪人机大战。然而，历史总是惊人的相似，AlphaGo 以 3 ∶ 0 的总比分获胜。至此，围棋界公认 AlphaGo 的围棋能力已经超过人类职业围棋顶尖水平。

2019 年 3 月 27 日，深度学习三大巨头杰弗里·辛顿（Hinton）、杨立昆（LeCun）和约书亚·本吉奥（Bengio）获得了 2018 年图灵奖，该奖项被称为是"计算机领域的诺贝尔奖"。该奖项的颁布足以可见三人对人工智能领域的卓越贡献，同时也标志着深度学习已经成为人工智能领域最重要的技术之一。从近些年的进展可以看出，计算机视觉、语音识别和自然语言处理等领域取得的爆炸性进展都离不开深度学习。

虽然深度学习成就巨大，但目前仍处于发展阶段，不管是理论还是实践方面都存在许多问题待解决，我们离实现真正的强人工智能还有很长的路要走。但我们处在一个大数据时代，计算资源大大提升，新模型、新理论的验证周期大大缩短。此外，不少致力于快速前向传播的框架也逐渐涌现，为深度学习算法在工业界的落地提供了可能。我们相信，在未来，无论是从交通、医疗、购物，还是智能家居、安全监控、军事领域，都将发生巨大的变革。

三、深度学习出现的原因

深度学习的发展经历了漫长的曲折历程，但近几年的突然兴起不是没有道理,离不开大数据和高性能计算平台的推动,这两个因素分别被称为"引擎"和"燃料", 助力深度学习的快速发展。深度学习的成功需要大量的训练数据来进行学习, 因此, 大数据的发展是深度学习的基础;另外, 数据量大, 对计算性能的要求也比较高, 这就需要硬件设备的加速发展。

(1) 数据可用性

数据是完成深度学习的必备条件,得益于互联网的快速发展及智能手机应用的普及, 我们有条件收集到大量不同格式的数据, 特别是图片、视频和文本这类数据。ImageNet 数据集是为了促进计算机视觉技术的发展而设立的一个大型图像识别数据集, 提供 1000 种类别, 包括 140 万张手工标注图片。每年 ImageNet 的项目组织者都会举办一场大规模视觉识别竞赛, 吸引数百个团队参与竞赛, 从而诞生了许多经典模型, 如 VGG[16]、ResNet[17]、Inception[18]、DenseNet[19] 等。现在这些算法已经在工业中得到应用, 用于解决各种计算机视觉问题, 均取得了良好的表现。此外, 深度学习领域还有一些常见的经典数据集, 通常被用于建立不同算法的性能基准, 我们主要列举以下几项。

MNIST: 手写数字识别数据集;CIFAR: 普适物体识别数据集;PASCAL VOC: 视觉分类识别和检测基准数据集;COCO: 大规模对象识别、分割数据集; ImageNet: 大规模图像识别数据集。

(2) 硬件可用性

了解深度学习的人都清楚, 完成深度学习需要大量的训练, 所谓训练就是在成千上万个变量中寻找最佳值的计算。CPU 是一个拥有多种功能的优秀领导者, 它的主要优势在于调度、管理、协调, 计算能力位于其次, 因此不适合这种高速计算任务。事实证明, 一种叫作图像处理单元 (GPU) 的硬件极其适合这种任务, 它最初是为游戏产业而开发的, 但其本身多核并行计算的基础结构, 可以支撑大量数据的并行计算,时势造英雄,GPU 对完成深度学习任务功不可没。

GPU 是理想的深度学习芯片, 但如果想要更快的速度, 更小的耗能, 就需要更高效的芯片。因此, 2016 年 5 月, 谷歌首次公布了 TPU, 号称可以"把人

工智能技术推进 7 年"。而且李世石大战 AlphaGo 时，就应用了 TPU，可以说
TPU 是 AlphaGo 击败李世石的"秘密武器"。2018 年 5 月，谷歌发布了第三
代 TPU，性能相比上一代提升了 8 倍，每秒运算性能"远超"100PFlops，即
10 亿亿次。当然，除了谷歌，微软、亚马逊等巨头公司也都在研发自己的 AI 芯片。
国内也有很多企业自己造芯，如百度的"昆仑"、阿里的"平头哥"、华为的"昇
腾"等。

四、主流深度学习框架

近几年，随着深度学习的发展，出现了很多深度学习框架，入门深度学习
的门槛越来越低。在早期，人们需要具备专业的 C++ 和 CUDA 知识才能实现
深度学习算法，而现在只需要一些脚本语言知识（如 Python），便可以开始构
建和使用深度学习算法。现在主流的深度学习框架主要有 Caffe、TensorFlow、
PyTorch 和 mxnet 等，如图 4–7 所示。这些框架各有所长，各具特色。

图 4-7　主流深度学习框架

（1）Caffe

Caffe 是 2013 年由伯克利大学的贾扬清等人开源的一个清晰、高效的深度学习框架，核心语言是 C++，支持命令行、Python 和 Matlab 接口，供开发人员方便地部署以深度学习算法为核心的应用。Caffe 提供了一个用于训练、测试、微调和开发模型的完整工具包，可以处理包括图片、视频、语音在内的各种多媒体数据。与其他深度学习开发工具相比，最主要的优点是完全用 C++ 语言实现，无硬件和平台限制，便于移植，适合商业开发和科学研究。但过多依赖第三方工具包使得其搭建过程十分复杂，现在已经逐渐被其他框架超越。

（2）TensorFlow

TensorFlow 是 2015 年由谷歌大脑开源的一款使用数据流图进行数值计算的人工智能学习系统。TensorFlow 提供了非常丰富的深度学习相关 API，用户可以方便地用它设计网络结构，而不必亲自实现 C++ 代码或 CUDA 代码。TensorFlow 可以在 CPU 和 GPU 上运行，也可以在台式机、服务器和移动设备上运行，具有良好的可移植性。相比于其他框架，TensorFlow 拥有产品级的高质量代码，有谷歌强大的开发、维护能力加持，整体架构非常优秀。

（3）PyTorch

PyTorch 是 2017 年由 Facebook 开源的一款强大的动态计算图模式的深度学习框架。PyTorch 位于机器学习第一大语言 Python 的生态圈中，开发者能方便地接入各种 Python 库和软件，而不需要针对外部 C 语言或 C++ 库的 wrapper，使用它的专门语言。Pytorch 支持动态计算图，不需要从头重新构建整个网络，提供很好的灵活性。相比于其他框架，PyTorch 是面向对象设计最优雅的一个，简洁高效，可以让用户尽可能地专注于实现自己的想法，不需要关注太多框架本身的束缚。

（4）mxnet

mxnet 是 2015 年由分布式机器学习社区（Distributed Machine Learning Community，DMLC）开源的一款轻量级、可移植的、灵活的深度学习库，它让用户可以混合使用符号编程模式和指令式编程模式来最大化效率和灵活性，目前已经是亚马逊官方推荐的深度学习框架。mxnet 以其超强的分布式支持，明显的内存、显存优化为人所称道。同样的模型，mxnet 往往占用更小的内存和显存，并且在分布式环境下，mxnet 展现出了明显优于其他框架的扩展性能。由于 mxnet 最初是由一群学生开发，缺乏商业应用，且接口文档不够完善，因此用的人不像其他框架那么多。

五、深度学习的特点

短短几年时间，深度学习颠覆了图像处理、语音识别与文本理解等众多领域的算法设计思路，逐渐形成了一种从数据出发，经过深度网络学习训练，然后直接得出结果的新模式。无论是人脸识别准确率超过人类平均水平，还是 AlphaGo 的围棋能力超过人类职业围棋顶尖水平，能取得如此成绩，离不开深度学习的自身优势：学习能力强，覆盖范围广，数据驱动明显及可移植性好等。深度学习可以从大量数据中自动学习到不同目标之间的可区分性特征，且数据量越大，表现越好，同时还可以通过调参进一步提高上限，很多任务甚至已经超过了人类的表现。深度神经网络层数很多，理论上可以映射到任意复杂函数，所以可解决很多传统机器学习不能解决的复杂问题。由于深度学习的优秀表现，越来越多的框架被开源，越来越多的专用芯片被设计开发，因此，深度学习可以迁移到很多平台，特别是随着现在嵌入式平台的发展，相信 AI 落地进程一定会加快。

任何一个新事物的出现，我们都应该用辩证的眼光去看待。深度学习能带来如此巨大的变革，我们不能否认其优势，但也应该正确认识其本身的劣势。深度神经网络模型设计复杂，往往需要投入大量的人力、物力和时间成本来开发新的算法。而且，模型可解释性差，容易带来道德伦理问题。此外，深度学习对算力要求高，普通的 CPU 根本无法满足要求，专用芯片如 GPU、TPU 等价格昂贵，成本太高。

第二节　机器学习基础

一、机器学习基本问题

机器学习的基本思想是把现实问题抽象为数学问题，通过计算机解决数学问题从而解决现实问题。在机器学习领域，根据数据是否拥有标记信息，学习任务主要可以分为"监督学习"和"无监督学习"两大类。这两种类型的区别在于监督学习是使用基础事实完成的，对输入样本经过模型训练后有明确的预期输出。因此，监督学习的目标是学习一个函数，该函数在给定样本数据和期望输出的情况下，最接近于数据中可观察到的输入和输出之间的关系。而无监督学习就是我们对输入样本经过模型训练后得到什么输出完全没有预期，因此其目标是推断一组数据中存在的自然结构。图 4-8 为监督学习和无监督学习的可视化结果，其中 x_1 和 x_2 分别表示不同维度的特征描述。

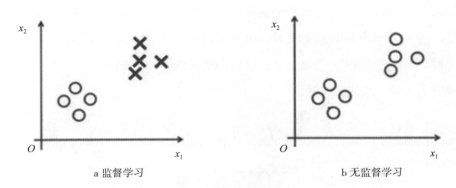

图 4-8　机器学习基本问题

（1）监督学习

监督学习是机器学习中的一种学习方式，指我们通过外部的响应变量来指导模型学习我们关心的任务，并达到我们需要的目的。这也是"监督学习"中"监督"二字的由来。监督学习需要有明确的目标，清楚自己想要什么结果。下面以猫狗识别为例，了解一下监督学习的训练过程。

假如我们正在教小朋友认识猫和狗两种动物，首先我们拿出两张卡片，一张是猫的图片，一张是狗的图片，然后告诉小朋友哪张是猫，哪张是狗。不断重复上述过程，小朋友的大脑就在不断学习认识猫的特征和狗的特征。当重复的次数足够多时，小朋友就学会了如何区分猫和狗。我们用上面人类学习的过程来类比监督学习的过程，上面提到的猫和狗的卡片在机器学习中叫作训练集，提前告诉小朋友猫和狗分别是哪张图片其实就是为数据打标签，小朋友认识区分猫和狗的不同其实是学习了机器学习中所谓的特征，小朋友不断学习的过程叫建模，学会了正确认识猫和狗的特征总结出来的规律就是机器学习中的模型。从上面的例子我们可以总结出：监督学习就是通过训练集，不断识别特征，不断建模，最后总结出规律，形成有效模型的过程。

监督学习的两个典型应用是分类和回归。这两个问题的本质是一样的，都是针对一个输入对输出做出预测，其区别在于输出变量的类型，分类是将回归的输出离散化。当输出变量为有限个离散值时，该问题属于分类范畴，评价分类问题的性能指标一般为分类准确率，即正确分类样本数占总样本数的比例。相反，回归用于预测输入变量与输出变量之间的关系，特别是当输入变量发生变化时，输出变量相对应的变化。可视化结果如图4-9所示，下面将通过两个简单的例子帮大家认识这两个任务。

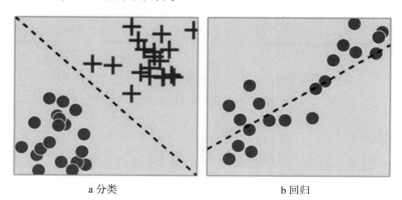

a 分类　　　　　　　　　　b 回归

图4-9　监督学习两个任务

医生对肿瘤性质的判断就是一个典型的分类问题。在医学上判断一个细胞是普通细胞还是肿瘤细胞，需要非常有经验的医生通过病理切片才能判断。如果通过监督学习的方式，系统可以自动识别出肿瘤细胞，将系统结果和医生判断结果进行交叉验证，可以提高检测结果的可信度。那么，基于监督学习的肿瘤性质判断需要经过哪些步骤呢？

步骤 1：收集已知数据，完成数据标注

我们首先收集以往检测中的相关数据，根据医生诊断结果，为收集到的每个细胞数据打上标签，即标明该数据属于普通细胞还是肿瘤细胞。

步骤 2：选择相关指标描述，提取特征

对于监督学习最重要的是选择合适的指标对细胞进行抽象化描述，如细胞的半径、周长、面积、质地、光滑度、对称性、凹凸性等，对我们收集到的每一条数据，均提取上述特征进行描述。此时我们可以得到基于特征描述和结果的数据集。

步骤 3：训练出理想模型

针对上述数据集，我们选取合适的建模方式（如贝叶斯、决策树、SVM 等）进行学习，迭代更新，直到迭代次数达到我们设置的次数或误差属于我们可接受的范围。此时，我们认为该模型可以进行细胞肿瘤性质判断，一般可以将该模型称之为分类器，具体流程如图 4-10 所示。

房价预测是典型的回归问题。主要任务就是根据房子的一系列信息，来预测它的房价。我们首先需要确定房价的影响因素，一般主要为面积、朝向、地段、环境等信息，此时，我们构建了一个简单的模型，如图 4-11 所示。

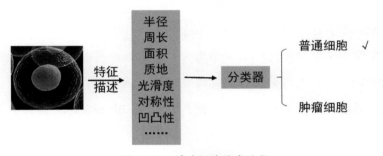

图 4-10　肿瘤细胞分类流程

$$Y=f(A, B, C, D)。$$

Y：房价

A：面积　　　　C：地段

B：朝向　　　　D：环境

图 4-11　房价预测模型

f 可以理解为一个特定的公式，这个公式可以将这 4 个影响因素与房价形成关联。而我们的目标就是回归出这个公式具体是什么，这样我们只要有了一套房子的这 4 种数据，就可以得到这个房子的大概价格了。

为了回归出这个公式 f，我们需要先收集大量的已知数据，这些数据包含每套房子的 4 种数据和它的房价信息（把房价信息转化为分数）。

有了上述数据，我们通过监督学习方式，就能拟合出这 4 种数据和房价之间的关系，这个关系就是公式 f。此时，当我们想知道一套房子的房价时，只需要收集到它的这 4 种数据，代入公式 f 就可以得到房价信息。具体流程如图 4-12 所示。

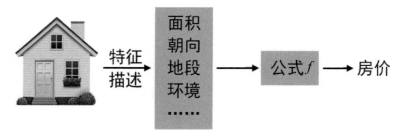

图 4-12　房价预测流程

（2）无监督学习

无监督学习主要处理无标签或结构未知的数据，可以在结果变量未知或无奖励函数的指导下，发现数据内部的潜在规律或结构，为我们进行下一步决策提供参考。通俗地讲，我们有一些问题，但是不知道答案，无监督学习就是按照它们自身的性质将它们自动地分成很多类，而每类的问题都是具有相似性质的，如图 4-13 所示。其中，x_1 和 x_2 分别表示不同维度的特征描述。无监督学习的典型应用是"聚类"，简单地说，聚类是一种自动分类的方法。和监督学习不同的是，计算机不知道这些数据具体是什么属性，有什么作用，但是可以将具有相同属性的数据归为一类。下面让我们用几个具体案例了解一下。

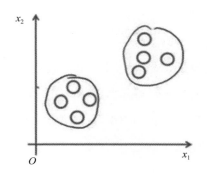

图 4-13　聚类算法示例

在类似谷歌新闻网站中，后台每天都会有成千上万条新闻，通过聚类，可以将这些新闻分组为一个又一个的新闻专题，方便阅读。此外，聚类算法也有很多其他应用：在大型计算机集群中找出趋于协同工作的机器，将其放在一起将提高工作效率；通过社交网络平台可以聚类分析出哪些人关系比较近，哪些人仅仅是认识；通过对市场进行分析，可以将客户分类，找出市场详细分类，从而进行更有效的销售；通过对天文数据分析，可以探索星系诞生之谜……

二、机器学习数据划分

所谓机器学习，即通过各种算法从大量数据中学习如何完成任务，因此数据是机器学习的关键。对于数据集来说，从数据收集到数据集划分都有很多讲究。数据收集主要注意以下 3 个方面：多样性、典型性与均衡性。多样性指不同应用场景下的数据；典型性指实际使用过程中可能出现的"典型样本"，即"边界样本"，这类数据对算法的后续优化具有重要意义；均衡性指因不同类别样本数据量较为接近，要避免出现样本数量不均引起的模型学习侧重不同，在实际使用中模型的泛化性能受到影响。

为避免信息泄露并改善泛化问题，通常会将数据集划分为 3 个部分，即训练集、验证集和测试集。训练集和验证集用来对模型进行训练并调优参数，当完成训练，算法一般在测试集上运行以模拟实际使用场景下算法的性能。对于小规模数据集，通常采用 6 ∶ 2 ∶ 2 的划分比例，即将整个数据集的 60% 划分为训练集，20% 划分为验证集，20% 划分为测试集。在日常实验中，并没有完全意义上的测试集，因此，我们遵循 7 ∶ 3 的划分原则，就是将数据的 70% 作为训练集用于模型的训练，数据的 30% 作为测试集用于模型的测试。数据划分及建模过程如图 4-14 所示。

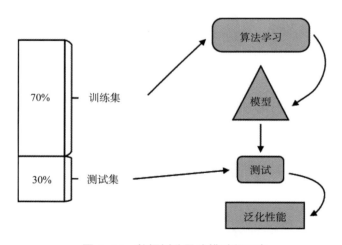

图 4-14　数据划分及建模过程示意

数据量较少时，上述划分方式容易产生过拟合。k 折交叉验证通过对 k 个不同分组训练的结果进行平均来减少方差，因此模型的性能对数据的划分不那么敏感，可以降低泛化误差。k 折交叉验证首先将所有数据平均分成 k 组，不重复地选取其中一组作为测试集，其他 $k-1$ 组数据作为训练集，重复 k 次，最后选择 k 次结果的平均值作为最终评估结果。这个方法的优势在于保证数据集中的每个样本都参与训练并且都被测试，通常被用于模型调优，找到使得模型泛化性能最优的超参数，然后在全部训练集上使用该参数设置重新训练模型，得到最终建模结果。图 4–15 为 10 折交叉验证示意。

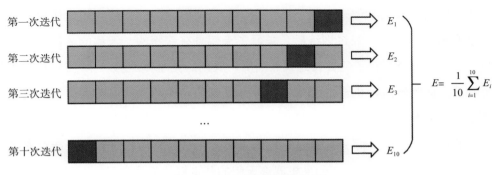

图 4–15　10 折交叉验证示意

三、机器学习模型评估

所谓机器学习，即用大量的数据来"训练"，通过各种算法从数据中学习如何完成任务。因此，数据和算法是机器学习的关键，缺一不可。对于数据来说，其收集和划分都很重要。而对于算法而言，主要通过不断迭代优化，提高泛化能力。我们把模型的实际预测输出与数据的真实输出之间的差异称为误差，模型在训练集上的误差称为训练误差或经验误差，在新数据上的误差称为泛化误差。显然，泛化误差小的模型泛化能力高，机器学习的目的是得到泛化误差小的模型。然而，在实际应用中，数据是未知的，所以只能使训练误差尽可能小，以期待获得更低的泛化误差。

说到这里，也许有人就认为将算法设计的尽可能百分百满足所有训练样本，深入挖掘训练样本自身的特点，就可以得到较好的模型。但对不起，训练集只能尽可能贴近实际使用场景中的测试数据，并不能完全替代测试数据。我们需要的模型真正要达到的是泛化误差尽可能小，因此需要我们仔细把握这个度，而不是一味降低训练误差。在机器学习领域，"过拟合"和"欠拟合"是模型泛化性能差的两个主要原因。"过拟合"是指模型在训练集上表现很好而在测试集上误差很大的一种现象。反之，模型在训练集上误差就很大时，称之为"欠拟合"。

　　我们依然通过举例来说明"过拟合"和"欠拟合"的问题。假设让机器来学习天鹅的特征[20]，经过训练后，学习了天鹅是有翅膀的，天鹅的嘴巴是长长的弯弯的，天鹅的脖子是长长的有点曲度，天鹅的整个体型像一个"2"且略大于鸭子。这时候这台机器已经基本能区分天鹅和其他动物了。然而，很不巧的是你的训练数据中天鹅的颜色都是白色的，于是机器经过学习后，会认为天鹅的羽毛都是白色的，而一旦遇到黑色的天鹅就会认为那不是天鹅，这就是典型的"过拟合"现象。反之，如果机器连天鹅的基本特征都没学习好，那就是"欠拟合"了。图4-16表示算法对特征 x 进行拟合得到的相关结果 y 的曲线图，其中图4-16a和图4-16c分别表示"欠拟合""过拟合"，图4-16b为"正确拟合"的二维图示。从图中可以清晰地看到，"欠拟合"不能很好地反映数据的"普遍规律"，"过拟合"由于过度拟合训练数据的分布，而无法很好地适应新的数据样本。

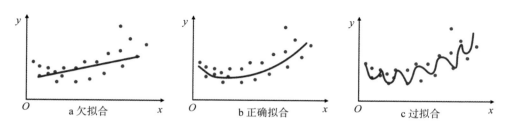

图4-16　模型拟合曲线

　　一般模型"欠拟合"很容易解决，通过增加训练次数或采用更复杂的、拟合能力更强的模型可解决。而"过拟合"则比较难解决，"过拟合"现象不会体现在训练集上，因此常见的方式是采用交叉验证来检测"过拟合"。解决"过拟合"有两条主线：一是增大数据集，二是降低模型复杂度。众所周知，更多的数据往往胜过一个更好的模型。就好比盲人摸象，不足够的数据让每个人对大象的认识都不同，学习太过片面，更多的数据能够让模型学习得更加全面。

　　然而，在现实世界中，由于条件的限制，不能够收集到足够多的数据，所以，这个时候往往通过降低模型的复杂度来解决"过拟合"问题，具体措施如下所示。

　　1）正则化

　　正则化是机器学习中最常见的解决方法，在损失函数中加入正则项来惩罚模型的参数，以此来降低模型的复杂度，常见的添加正则项的正则化技术有 L1 正则化、L2 正则化。L1 正则化与 L2 正则化的思想就是不能一味地去减小损失函数，还得考虑到模型的复杂性，通过限制参数的大小，使其产生较为简单的模型，这样就可以降低产生"过拟合"的风险。

　　式（4-2）表示 L1 正则化的表达式，其中 J_0 表示原始的损失函数，J 是加了 L1 正则之后的损失函数，加号后面的一项是 L1 正则化项，α 是正则化系数，w 是权重参数。在损失函数优化时，我们希望得到的损失函数无限小，要满足这个结果，表达式中的 L1 正则化项也必须无限小。关于 L1 正则化项的函数我们可以在二维平面图中表示出来，令 $L = \alpha \sum_w |w|$，如图 4-17a 所示，等值线（曲线）是 J_0 的等值线，黑色方形是正则项函数 L 的图形。在图中，J_0 等值线与 L 图形首次相交的地方就是最优解。从图中可以看出在相交点处 w_1 为 0，这也正是 L1 正则的特点。当加入 L1 正则项之后，数据集中那些对模型贡献不大的特征所对应的参数 w 可以为 0，因此 L1 正则项得出的参数是稀疏的。

$$J = J_0 + \alpha \sum_w |w|。 \tag{4-2}$$

　　式（4-3）为 L2 正则化的表达式，L2 正则化是基于 L2 范数的，其原理和 L1 正则化类似，唯一不同的是 L2 正则化项是对权重的平方值进行约束，因此 L2 正则化不会获得稀疏解，如图 4-17b 所示，只会将对模型贡献不大的特征所对应的参数置于无限小的值，以此来忽略该特征对模型的影响[21]。

$$J = J_0 + \alpha \sum_w w_2。 \tag{4-3}$$

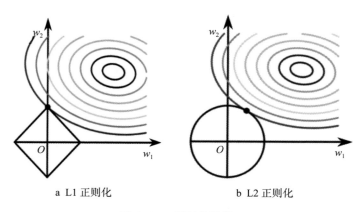

a L1 正则化   b L2 正则化

图 4-17 正则化示意

2）提前终止迭代

该方法主要用于神经网络中，在神经网络的训练过程中，我们会初始化一组较小的权值参数，此时模型的拟合能力较弱，通过迭代训练来提高模型的拟合能力。随着迭代次数的增加，部分的权值也会逐渐增大。如果我们可以识别模型的拟合能力，那么就可以在"过拟合"出现之前停止模型的学习过程。具体可以通过查看随着时间推移的测试误差做到，当测试误差开始增加时，就可以提前终止迭代，有效控制权值参数的大小，从而降低模型的复杂度[22]。可视化示意如图 4-18 所示。

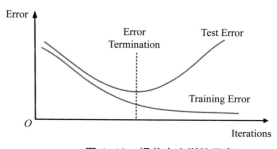

图 4-18 提前中止训练示意

3）增加噪声

增加噪声也是神经网络中一种避免"过拟合"的方法，噪声添加的途径有很多种[23]。可以对输入数据添加，增大数据的多样性，噪声随着网络的传播，按照权值的平方放大，并传播到输出层，对损失函数可以产生较大影响。也可以在权值上添加噪声，在初始化网络的时候，用 0 均值的高斯分布作为初始化，可以起到类似于正则化的效果。此外，也可以对网络的响应添加噪声，在前向传播的时候，让神经元的输出变为 binary 或 random，虽然这种做法会打乱网络的训练过程，让训练更慢，但在测试集上效果会有显著提升。

4）Dropout

Dropout 是神经网络中降低"过拟合"风险的常用方法，主要通过修改神经网络本身结构来实现。如图 4-19 所示，对于图 4-19a 中的神经网络，在训练过程中按照给定的概率随机删除一些隐藏层的神经元，同时保证输入层和输出层的神经元不变，便可以得到图 4-19b 的神经网络，从而简化复杂网络，降低"过拟合"的风险。

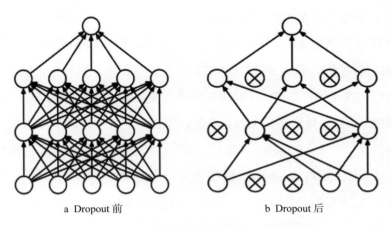

a Dropout 前　　　　　　b Dropout 后

图 4-19　Dropout 降低"过拟合"风险示意

在每一批数据被训练时，Dropout 按照给定的概率 p（一般取 0.5）随机剔除一些神经元，只有没有被剔除的神经元参数被更新。由于每一批数据神经元剔除是随机性的，使得网络具有一定的稀疏性，从而减弱了不同特征之间的协同效应。而且，由于每次被剔除的神经元不同，所以整个网络神经元的参数也只是部分被更新，减弱了神经元之间的联合适应性，提高了模型的泛化能力。需要注意的是 Dropout 只在训练时使用，测试时需要将训练网络的权重乘以概率 p 才能得到测试网络的权重[24]。

说完了"过拟合"与"欠拟合"的解决方法，我们来看一下模型的评估指标，本书只介绍最常见的两种模型评估指标：查准率和查全率，也就是我们平时常说的精确率和召回率。我们依然通过举例来说明，假定瓜农拉来一车西瓜，我们用训练好的模型对这些西瓜进行判别，我们关心的是"挑出的西瓜中有多少比例是好瓜"或者"所有好瓜中有多少比例被挑出来了"，这其实就是我们所说的查准率和查全率。

在引入查准率和查全率之前，我们需要知道有名的混淆矩阵，如表 4-1 所示。根据混淆矩阵，我们可以看到 TP、FP、FN 和 TN 4 个值，显然，$TP+FP+FN+TN=$ 样本总数。这 4 个值直接记忆很容易混淆，我们可以这样理解：第一个字母表示本次预测的正确性，T 代表正确，F 代表错误；第二个字母代表由模型预测的类别，P 代表预测为正样本，N 代表预测为负样本。那么 TP 我们就可以理解为模型预测为正样本（P），而且本次预测是正确的（T），我们将其称为真正例。而 TN 可以理解为模型预测为负样本（N），并且本次预测是正确的（T），我们将其称为真负例，下面我们按照这种理解方式对上述 4 个值进行总结。True Positive（真正，TP）：被模型预测为正的正样本；True Negative（真负，TN）：被模型预测为负的负样本；False Positive（假正，FP）：被模型预测为正的负样本；False Negative（假负，FN）：被模型预测为负的正样本。

表 4-1　混淆矩阵

混淆矩阵		真实值	
		正样本（Positive）	负样本（Negative）
预测值	正样本（Positive）	TP	FP
	负样本（Negative）	FN	TN

查准率又叫精确率，如式（4-4）所示，表示在所有模型判定为"正"的样本中，确实是正例的占比，其函数表达式为：

$$P = \frac{TP}{TP + FP}。 \tag{4-4}$$

查全率也叫召回率，其函数表达式为：

$$R = \frac{TP}{TP + FN}。 \tag{4-5}$$

表示在所有确实为"正"的样本中，被判定为"正"的占比。

查准率和查全率是一对矛盾的度量，一般而言，查准率高时，查全率往往偏低；而查全率高时，查准率往往偏低。我们可以直观理解：如果我们希望好瓜尽可能多地选出来，则可以通过增加选瓜的数量来实现，如果将所有瓜都选上了，那么所有好瓜也必然被选上，但是这样查准率就会很低；若希望选出的瓜中好瓜的占比尽可能高，则只选最有把握的瓜，但这样难免会漏掉不少好瓜，导致查全率较低。

四、机器学习常用模型

在深度学习爆火之前，机器学习是人工智能领域的主要算法，基于 Haar 的人脸检测，基于 Hog 的行人检测等应用已基本达到了商业化的要求或特定场景的商业化水平，我们今天简单介绍常用的几个机器学习的经典算法：K-means 聚类、支持向量机、决策树及 AdaBoost 算法。

（1）K-means 聚类

K-means 算法是无监督的聚类算法，思想很简单。对于给定的样本集，按照样本之间的距离大小，将样本集划分为 k 个簇。让簇内的点尽量紧密地连在一起，而让簇间的距离尽量的大。图 4-20 为 K-means 的聚类过程[25]，图 4-20a 表示初始的数据集，假设预定义 $k=2$。在图 4-20b 中，我们随机选择两类对应的类别质心，即图中的深色质心和浅色质心，然后分别求样本中所有点到这两个质心的距离，并标记每个样本的类别为与之距离最近的质心的类别，如图 4-20c 所示。此时，我们对当前标记的两个类别的点分别求新的质心，如图 4-20d 所示，新的深色质心和浅色质心的位置已经发生了变动。图 4-20e 和图 4-20f 重复了上述迭代的过程，直到最后 k 个质心的位置都没有发生变化，则得到最终的聚类结果，如图 4-20f 所示。

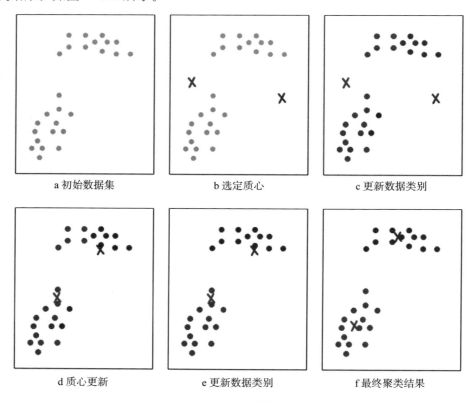

a 初始数据集　　　　b 选定质心　　　　c 更新数据类别

d 质心更新　　　　e 更新数据类别　　　　f 最终聚类结果

图 4-20　K-means 聚类过程示意

（2）支持向量机

支持向量机算法用来解决机器学习中的分类问题，也就是我们常说的 SVM 算法。SVM 是一种二分类算法，虽然现在可以扩展到多分类，但本书我们还是介绍基础的二分类算法实现。SVM 主要是在 N 维空间寻找一个（N–1）维的超平面，这个超平面可以将这些点分为两类。也就是说，平面内如果存在线性可分的两类点，SVM 可以找到一条最优的直线将这些点分开。

如图 4–21 所示，要想将两类分开，需要得到一个超平面，最优的超平面是到两类的 margin 达到最大，margin 就是超平面与离它最近一点的距离，所以，图 4–21 中 A>B。

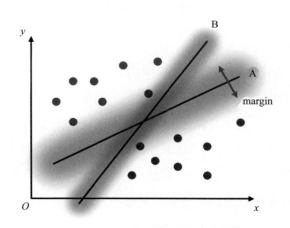

图 4–21　SVM 最优超平面示意

（3）决策树

决策树是一种特殊的树形结构，可以用来回答是与否的问题。它通过树形结构将各种情况组合都表示出来，每个分支表示一次选择（是与否），每个叶节点则对应从根节点到该叶节点所经历的路径所表示的对象的值，直到所有选择都进行完毕，最终给出正确答案。由于决策树仅有单一输出，通常该算法用于解决分类问题。图 4–22 为一个简单的决策树算法案例，代表薪水大于 30 万元的男性会买车。

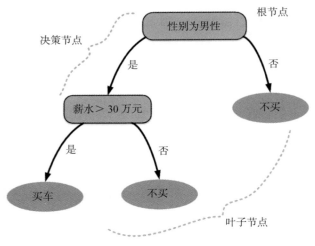

图 4-22　决策树算法案例

（4）AdaBoost

AdaBoost 是集成学习中应用最为成功的一个算法，能够将预测精度仅比随机猜测略高的弱学习器增强为预测精度高的强学习器，这在直接构造强学习器非常困难的情况下，为学习算法的设计提供了一种有效的新思路和新方法。AdaBoost 基本思路是增大前一个基本分类器被错误分类的样本的权值，减小正确分类的样本的权值，并再次用来训练下一个基本分类器。同时，在每一轮迭代中，加入一个新的弱分类器，直到达到某个预定的足够小的错误率或达到预先设定的最大迭代次数则得到最终的强分类器。

具体训练过程如图 4-23 所示，图中的 $y_1(x), y_2(x), \cdots, y_m(x)$ 都是弱分类器，$w_n^{(2)}$ 表示第 i 个弱分类器对应的权重集合。我们首先初始化弱分类器 $y_1(x)$，然后对 $y_1(x)$ 进行迭代处理后增加分类器 $y_2(x)$，然后对 $y_2(x)$ 迭代处理后增加 $y_3(x)$，依次迭代直到产生弱分类器 $y_m(x)$，最后将 m 个分类器加权处理，得到一个强分类器。

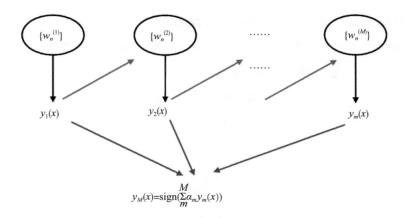

图 4-23　AdaBoost 训练过程示意 [27]

第三节　神经网络基础

一、神经网络简介

神经网络最广泛使用的定义是 20 世纪 80 年代芬兰教授科霍宁的描述："神经网络是由具有适应性的简单单元组成的广泛并行互连的网络，它的组织能够模拟神经系统对真实世界物体所做出的交互反应"。因此，神经网络是由大量节点之间相互连接构成的，可模拟人脑神经系统对复杂信息处理机制的一种运算模型。其中，每个节点代表一种特定的输出函数，称为激活函数；每两个节点间的连接代表通过该连接信号的加权值，称为权重。网络的输出取决于网络的结构、网络的连接方式、权重和激活函数，神经网络就是通过这种方式来模拟人类的记忆。

图 4-24 是一个典型的神经网络结构，这是一个包含 4 层（2 个隐层）的神经网络，其中黑圈代表输入层，虚圈代表输出层，白圈代表隐层，输入层有 4 个输入单元，隐层分别有 4 个、3 个单元，输出层有 2 个单元。一般来说，设计

一个神经网络时，输入层与输出层的节点数是确定的，中间层可以自由指定。神经网络结构图中的关键不是各个神经单元，而是神经元之间的连接，每个连接线对应一个不同的权重，可以通过训练得到。由图4-24可知，神经网络结构和工作机制反映了人脑的某些基本特征，是人脑组织结构和活动规律的抽象、简化和模仿。

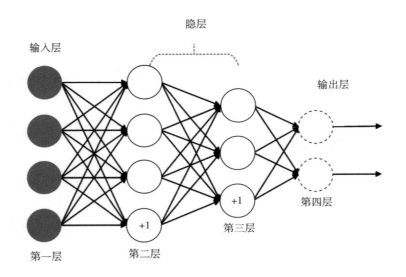

图4-24 神经网络的典型结构

神经网络具有4个基本特征，分别是非线性、非局限性、非常定性与非凸性[27]。

（1）非线性

神经元处于激活或抑制两种不同的状态，这种行为在数学上表现为一种非线性关系，大脑的智慧就是一种非线性现象。

（2）非局限性

一个神经网络由多个神经元广泛连接而成，网络的输出由不同单元之间的相互作用、相互连接所决定，不由单个神经元的特征所左右，通过单元之间的大量连接来模拟大脑的非局限性。

（3）非常定性

人脑具有自组织、自学习与自适应的能力，神经网络可以处理各种类型的信息，而且在处理信息的同时，本身也在不断变化，模拟了人脑的非常定性。

（4）非凸性

神经网络本质上是在拟合一个极其复杂的函数，非凸性是指这个函数具有多个极值，故网络具有多个较为稳定的平衡态，这将导致系统演化的多样性。

二、神经网络的基本单元

神经网络的基本组成单元是神经元，每个神经元都可以看作是一个计算与存储单元。神经元模型是一个包含输入、输出与计算功能的模型，图 4-25 是一个神经元模型的示意。我们使用 x 来表示输入，用 w 来表示权值，神经元接受输入 x，通过带权重 w 的连接进行传递，将总输入信号与神经元的阈值进行比较，最后通过激活函数处理确定是否激活，这个过程模拟了生物神经网络中神经元兴奋的过程。在生物神经网络中，每个神经元与其他神经元相连，当它兴奋时，就会向相连的其他神经元发送化学物质，从而改变这些神经元内的电位；如果某神经元的电位超过了一个阈值，那么它就会被激活，向其他神经元发送化学物质，否则，该神经元被抑制，不会发送任何信号。

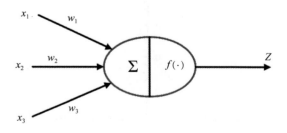

图 4-25 神经元模型结构

在神经网络中，每一层的输出都是上一层输入的线性函数，所以无论网络设计有多复杂，输出都是输入的线性组合。而我们实际的场景应用中几乎不存在线性关系，所以就需要提到关键的激活函数，其为神经网络引入了非线性因素，从而使其可以在理论上拟合任意非线性关系。常见的激活函数有 Sigmoid、Tanh、ReLU 与 Softmax，接下来我们将会一一介绍。

（1）Sigmoid

Sigmoid 激活函数也叫 Logistic 函数，是传统神经网络中最常用的激活函数，数学定义非常简单，如式（4-6）所示。Sigmoid 函数曲线如图 4-26 所示，以实数作为输入，返回一个 0 到 1 之间的数值，可以与概率值进行对应，它在物理意义上最为接近生物神经元，中央区酷似神经元的兴奋态，两侧区域酷似神经元的抑制态。其函数表达式为：

$$\sigma(x)=1/(1+e^{-x})。 \tag{4-6}$$

然而，Sigmoid 也有自身的缺陷，特别是饱和性。从图 4-26 可以看到，对于一个极大的负值，它返回的值接近于 0，而对于一个极大的正值，它返回的值接近于 1，即 Sigmoid 函数的两侧导数逐渐趋近于 0，直接导致了反向传播时梯度消失的现象，使得网络参数很难得到有效训练。一般来说，Sigmoid 网络在 5 层之内就会产生梯度消失现象，因此现在已经很少使用该函数了。

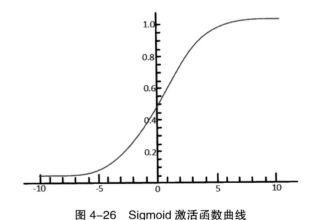

图 4-26 Sigmoid 激活函数曲线

（2）Tanh

Tanh 函数是双曲正切函数，类似于 Sigmoid，不同的是 Sigmoid 将实数值映射到 −1 到 1 之间，且 Tanh 是 0 均值的，因此实际应用时会比 Sigmoid 更好。函数表达式为：

$$\text{Tanh}(x) = \frac{e^x - e^{-x}}{e^x + e^{-x}}。 \tag{4-7}$$

函数曲线如图 4−27 所示，当 Tanh 的输出极值接近 −1 和 1 时，也面临梯度饱和的问题。

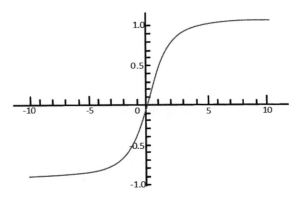

图 4-27　Tanh 激活函数曲线

（3）ReLU

ReLU 起源于对神经科学的研究，通常被称为修正线性单元，模拟出了脑神经元接收信号更精确的激活模型，近年来受到了大众的广泛欢迎。ReLU 函数其实是分段线性函数，其函数曲线如图 4−28 所示，把所有的负值都变为 0，而正值不变，实现了一种单侧抑制，其函数表达式为：

$$f(x) = \max(0, x)。 \tag{4-8}$$

相比于其他激活函数来说，ReLU 有如下优势：对于线性函数而言，ReLU 的表达能力更强；而对于非线性函数来说，ReLU 由于非负区间的梯度为常数，因此不存在梯度消失问题。但 ReLU 也有一个缺点，即当一个很大的梯度进行反向传播时，流经的神经元经常会变得无效，这些神经元称为无效神经元，只能通过谨慎选择学习率来控制。

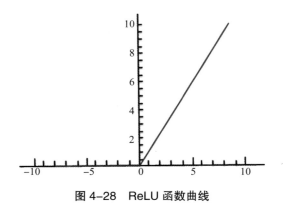

图 4-28 ReLU 函数曲线

（4）Softmax

Softmax 激活函数用于多分类神经网络输出，主要将多个神经元的输出，映射到（0，1）区间内，可以看成是当前输出属于各个分类的概率，从而实现多分类。假设有一个数组 V，V_i 表示 V 中的第 i 个元素，V_j 表示 V 中的第 j 个元素，那么 V_i 元素的 Softmax 值数学式为：

$$S_i = \frac{e^i}{\sum_j e^j} 。 \tag{4-9}$$

Softmax 由于使用了指数函数，可以增加不同分类概率的区分对比度，学习效率更高，而且 Softmax 是连续可导的，消除了拐点，这个特性在机器学习的梯度下降等地方非常重要。因此，Softmax 在多分类时得到了广泛的应用。

三、多层前馈神经网络

了解了神经网络的基本单元后，我们来看一下神经元模型是如何构成神经网络的。简单来说，神经网络就是将多个神经元连接起来构成层，每层神经元与下层神经元互连组成的网络。神经元之间不存在同层连接，也不存在跨层连接。如图 4-29 所示，是包含了一个隐层的神经网络，网络的最左边一层被称为输入层，其中的神经元被称为输入神经元；最右边一层为输出层，其中的神经元被称为输出神经元，神经元个数根据任务而定，可以有一个神经元，也可以有多个神经元。中间层被称为隐层，可以根据任务自己设定，一般层数越多，网络越复杂，拟合能力越强。

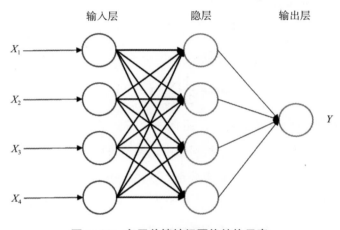

图 4-29　多层前馈神经网络结构示意

四、损失函数

上一小节我们已经了解了多层神经网络结构，接下来就是通过训练得到一个好的模型，那如何定义好与坏呢，我们需要用数学的方式给出一个定量的度量结果，这就是所谓的损失函数（或称代价函数，Loss 函数）。现假设有 n 组包含了输入和真实标签的样本数据，对于每个输入 x_i，神经网络的输出记为 y'_i，真实标签记为 y_i，我们经常使用均方误差（Mean Squared Error，MSE）作为损失函数，因为 MSE 能更好地评价数据的变化程度，其数学式为：

$$Loss = \frac{1}{n}\sum_{i=1}^{n}(y_i' - y_i)^2 。 \tag{4-10}$$

我们以激活函数 Sigmoid 为例，将神经元的输出 $f(x)=\sigma(wx+b)$ 代入式（4-10）中，可以发现输入 x 是固定的，标签 y_i 也是固定的，实际上与 $Loss$ 有关的只有权重参数 w 和偏置 b。因此，对神经网络进行训练的目的就是为每个神经元找到合适的 w 和 b 的值，从而使得整个神经网络的输出与实际标签的值更加接近，也就是 $Loss$ 更小，这就是所谓的"最优解"。其实对于神经网络我们无法判断是否达到最优，我们只能取到局部最优值作为最终结果。而为求导方便，一般使用如下的 Loss 函数：

$$Loss = \frac{1}{2n}\sum_{i=1}^{n}(y_i' - y_i)^2 。 \tag{4-11}$$

损失函数除了均方误差之外，还有一个需要了解的就是交叉熵损失函数，主要应用于分类任务中。在二分类问题中，模型最后需要预测的结果只有两类，对于每个类别我们得到的预测概率分别为 p 和 $1-p$，p 表示样本预测为正的概率。样本真实标签用 y 表示，正类为 1，负类为 0。此时损失函数表达式为：

$$Loss = -[y \cdot \log(p) + (1-y) \cdot \log(1-p)] 。 \tag{4-12}$$

多分类情况是对二分类情况的扩展，n 表示分类的类别数，p_i 表示对于样本 x_i 属于类别 i 的预测概率，y_i 是指示变量（0 或 1），如果该类别与样本的类别相同，则值为 1，反之值为 0，函数表达式为：

$$Loss = -\sum_{i=1}^{n} y_i \log(p_i) 。 \tag{4-13}$$

五、反向传播算法

神经网络训练的过程中，包含两种数据流的传输，分别是数据的正向传播和误差的反向传播。正向传播时，输入样本从输入层进入网络，经隐层传递至输出层，得到网络预测结果 y'_i，通过计算 y'_i 和实际标签 y_i 的 MSE，我们得到了当前网络输出与期望输出之间的误差，这个误差是由每个神经元不合适的 w 和 b 参数导致，我们希望可以通过这个误差去纠正每个神经元的参数，这个过程就称为反向传播。w 和 b 不断调整的过程，就是网络的学习与训练过程，也是参数寻优的过程，直到迭代次数达到预先设定的学习训练次数，或输出误差减小到允许的范围，我们认为网络收敛到一个局部极小值，即当前的参数是一个局部最优解，因为很难达到全局最优，我们需要多次试验，才能得到一个较为满意的模型，如图 4-30 所示。

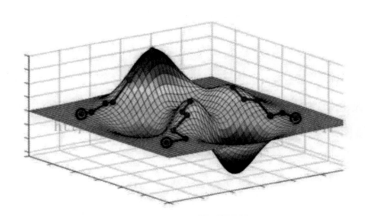

图 4-30　局部最优解示意 [28]

反向传播基于梯度下降法更新网络参数。梯度下降法，是一种求解函数局部极小值的方法。首先我们来看一下梯度是什么，如图 4-31 所示，梯度可以理解为函数 $f(x)$ 在点 x 处的斜率，在点 A 位置的斜率就是我们所讲的梯度。梯度下降法的核心思想是：沿着函数的负梯度方向可以找到该函数的最小值。在图 4-31 中，随着 A 点不断往下移动，A 点的斜率越来越趋于 0，等到切线平行于 x 轴时，便得到了函数的极小值。在多维空间，其梯度下降的过程即如图 4-30 中的深色曲线，当然，我们一般得到的是函数极小值。

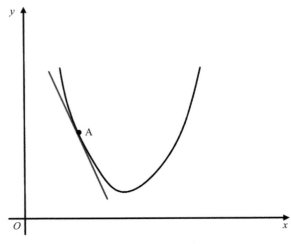

图 4-31　梯度示意

　　接下来，我们通过一个简单的例子来理解梯度下降是怎么工作的。首先以简单的神经元为例，如图 4-32 所示，x_1 和 x_2 表示神经元的输入，w 和 b 分别表示神经元的权重和偏置参数，z 表示输入的加权和，a 表示激活函数结果，$\hat{y}$ 表示神经元的输出结果。

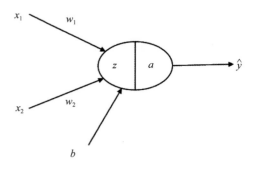

图 4-32　简单的神经网络结构

　　我们用式（4-14）来表示神经元的计算过程，以及损失函数。我们需要优化权重参数 w_1，w_2 和偏置参数 b，来使得损失函数 Loss 的值最小，核心思想是使用链式法则来求导，接下来我们将详细介绍求导过程。

$$z = w^T x + b, \tag{4-14}$$

$$\hat{y} = a = \sigma(z), \tag{4-15}$$

$$Loss = -(y\log(a) + (-y)\log(1-a))_{\circ} \tag{4-16}$$

首先，我们需要对 $\mathrm{d}a$ 和 $\mathrm{d}z$ 求导：

$$\mathrm{d}a = \frac{\partial L}{\partial a} = -\frac{y}{a} + \frac{1-y}{1-a}, \tag{4-17}$$

$$\mathrm{d}z = \frac{\partial L}{\partial z} = \frac{\partial L}{\partial a} \cdot \frac{\partial a}{\partial z} = (-\frac{y}{a} + \frac{1-y}{1-a}) \cdot a(1-a) = a - y_{\circ} \tag{4-18}$$

其次，对 w_1、w_2 和 b 求导：

$$\mathrm{d}w_1 = \frac{\partial L}{\partial w_1} = \frac{\partial L}{\partial z} \cdot \frac{\partial z}{\partial w_1} = x_1 \cdot \mathrm{d}z = x_1(a-y), \tag{4-19}$$

$$\mathrm{d}w_2 = \frac{\partial L}{\partial w_2} = \frac{\partial L}{\partial z} \cdot \frac{\partial z}{\partial w_2} = x_2 \cdot \mathrm{d}z = x_2(a-y), \tag{4-20}$$

$$\mathrm{d}b = \frac{\partial L}{\partial b} = \frac{\partial L}{\partial z} \cdot \frac{\partial z}{\partial b} = 1 \cdot \mathrm{d}z = a - y_{\circ} \tag{4-21}$$

最后，通过梯度下降法更新参数：

$$w_1 := w_1 - lr \cdot \mathrm{d}w_1, \tag{4-22}$$

$$w_2 := w_2 - lr \cdot \mathrm{d}w_2, \tag{4-23}$$

$$b := b - lr \cdot \mathrm{d}b_{\circ} \tag{4-24}$$

其中，lr 表示学习率，即学习步长，就是我们每次朝着最优解前进的速度。如果学习率过大，将会在最优解附近来回震荡，如果学习率过小，我们将会进行更多次数的迭代，才能达到最优解。所以选择合适的学习率，对于网络的训练是非常重要的。

第四节　深度学习经典算法

　　神经网络本质上是一种机器学习架构，所有神经元以权重的方式连接构成网络，并通过网络来训练权重。而深度学习的思想与神经网络思想一致，或者说是基于神经网络改进优化而来的版本。神经网络的灵感来源于人脑思考的方式，通过人造神经元的方式模拟大脑的思考方式，由神经元接收来自神经末梢转换的电信号，并通过网络对输入信号做出反应。人工神经元组成了神经网络的基本计算单元，神经网络描述了这些神经元的连接方式，以前受限于很多因素，无法添加很多层。

　　现在随着算法的更新、数据量的增加及硬件条件（特别是 GPU）的发展，深度神经网络成为可能。而深度学习更多意义上就是深度神经网络的代名词，其实"深度学习"这个词语很古老，它于 1986 年在机器学习领域被提出，然后在 2000 年被引入神经网络中，2012 年由 Alex Krizhevsky 使用卷积神经网络结构一举夺得了 ImageNet 比赛的冠军而受到大家的关注[15]。深度学习有 4 种经典的算法，分别是卷积神经网络（CNN）、循环神经网络（RNN）、生成对抗网络（GAN）和深度强化学习（RL）。由于卷积神经网络应用范围更广泛，所以接下来我们将重点介绍 CNN，其他算法将简单介绍。

一、卷积神经网络简介

　　卷积神经网络又称卷积网络，是一种专门用来处理具有网格状拓扑数据的神经网络，如图像数据，可看作二维的像素网格。2012 年的大规模视觉识别挑战赛（ILSVRC）中，基于卷积神经网络的算法大幅提高了目标识别的准确率。自此之后，参加 ILSVRC 大赛的模型基本都采用了卷积神经网络算法，图 4-33 展示了历届 ILSVRC 大赛经典网络模型的识别错误率和网络深度。从图中可以发现，伴随着近几年深度卷积神经网络的发展，网络的层数逐渐升高，图像识别的错误率连续下降，甚至在一些特定的数据集上已经超越了人类。

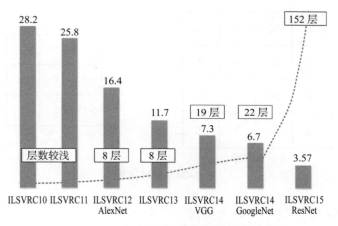

图 4-33　历届 ILSVRC 经典卷积网络模型

卷积神经网络是一种带有卷积结构的深度神经网络，其与神经网络最大的不同在于卷积结构。卷积结构可以减少网络占用的内存量，有效减少网络参数，缓解模型的"过拟合"问题。卷积结构具有 3 个典型特征：局部感受野、权值共享与下采样。这主要得益于卷积网络中卷积层结构和池化层结构的引入，这两种层是卷积网络重要的组成部分，我们将会在下一小节详细介绍这两种结构。

二、卷积神经网络的组成

卷积神经网络主要由卷积层和池化层构成。卷积层主要通过卷积运算提取图像的特征，通过卷积运算可以使得原始信号的某些特征增强，并减少噪声干扰。下采样层可以在减小图像尺寸的同时保留有效信息，并且具有平移不变性，可以有效应对形变和扭曲带来的同类物体的变化。

（1）卷积层

卷积层由一组滤波器组成，滤波器可以视为二维数字矩阵，如图 4-34b 所示为一个 3×3 的滤波器。将滤波器与输入图像进行卷积可以产生输出图像，假设输入图像为图 4-34a 所示，我们看一下卷积的具体步骤。

0	50	0	29
0	80	31	2
33	90	0	75
0	9	0	95

a 输入图像

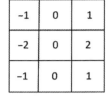

b 3×3 滤波器

图 4-34   滤波运算

图 4-34a 为一个 4×4 的灰度图，图 4-34b 是一个 3×3 的滤波器，首先在图像的左上角覆盖滤波器，将滤波器中的值与图像中对应元素相乘并累加，得到的和是输出图像中对应位置像素的值，以步长为 1，对图像的所有位置重复此操作，得到的结果为滤波之后的结果。图 4-35 为上述操作的可视化，式（4-25）为滤波计算公式。

0	50	0	29
0	80	31	2
33	90	0	75
0	9	0	95

a 输入图像

-1	0	1
-2	0	2
-1	0	1

b 3×3 滤波器

图 4-35   滤波运算步骤可视化

$$(-1)\times 0+0\times 50+1\times 0+(-1)\times 0+0\times 80+2\times 31+(-1)\times 33+0\times 90+1\times 0=29。$$
$$(4-25)$$

用同样的方式处理图像剩下的区域，最后得到一个 2×2 的输出矩阵，如图 4-36 所示。

29	-192
-35	-22

图 4-36　滤波结果

　　了解了基本的卷积运算之后，我们接着来看卷积神经网络中的卷积操作，在卷积网络中我们需要特别关注的一个维度就是所谓的深度。图 4-37 为一张 32×32×3 像素的输入图片与 5×5×3 像素的滤波器，图 4-37a 表示尺寸为 32×32 像素的 3 通道图像，图 4-37b 表示 5×5 像素，深度为 3 的滤波器。

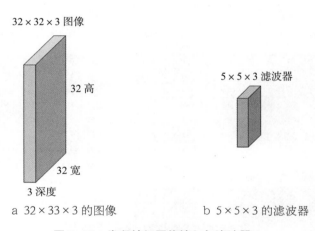

图 4-37　卷积神经网络输入与滤波器

　　使用图 4-37b 的滤波器在图 4-37a 上遍历，最终可以得到 28×28 像素，深度为 1 的特征图。一般我们会有 n 个 5×5×3 像素的滤波器同时进行卷积，则此时得到的特征图维度为 28×28×n 像素，如图 4-38 所示。

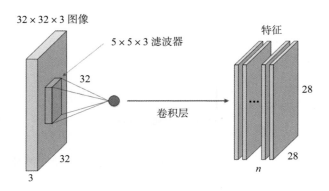

图 4-38　卷积操作示意

大致了解了卷积操作的过程之后，我们看一下具体细节的计算过程，如图4-39所示。左侧区域的 3 个 7×7 像素的矩阵是原始图像的输入，深度为 3，

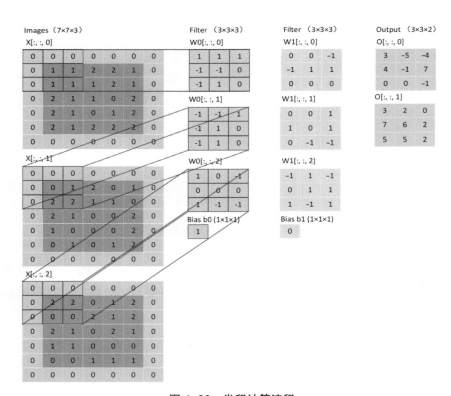

图 4-39　卷积计算流程

代表 RGB 三通道彩色图像。Filter W0 表示第一个滤波器核，Filter W1 表示第二个滤波器核，尺寸均为 3×3×3 像素。Bias b0 和 b1 分别是 Filter W0 和 W1 的偏置项。Output 是卷积后的输出，尺寸为 3×3 像素，深度为 2。需要特别注意的是我们对尺寸为 5×5×3 像素的输入加了 padding，也就是外围的 0，用来调节输出特征的尺寸。此外，我们滤波器滑动步长为 2，因此输出尺寸为 3×3 像素，如果设置为 1，则输出尺寸为 5×5 像素。

卷积运算具有 3 个非常重要的特性：稀疏连接、参数共享和平移不变性[29]。

神经网络中，某一层的每一个神经元都与前一层的每一个神经元连接，我们把这种连接称为全连接。首先通过一个例子直观感受一下，如果图像尺寸是 1000 像素 ×1000 像素，并且是单通道的灰度图像，那么一张图像就有 100 万个像素点。如果将这 100 万个像素点连接到一个相同大小的隐层（同样是 100 万个隐藏单元），这将产生 100 万 ×100 万 =1 万亿个连接，也就是 1 万亿个权重参数。如果卷积核大小为 10×10 像素，并且隐藏单元也有 100 万个，那么稀疏连接就是指每个隐藏单元只与图像中 10×10 个像素点相连，于是现在就需要 10×10×100 万 =1 亿个连接，也就是说需要 1 亿个权重参数。虽然听起来参数的量还是很大的，但相比全连接来说已经减少了 1 万倍，这显然对硬件的计算能力是友好的。

通过稀疏连接，我们达到了减少权重参数数量的目的。减少权重参数数量有两个好处：一是降低计算的复杂度；二是过多的连接会导致严重的"过拟合"，减少连接数可以提升模型的泛化性。尽管我们通过稀疏连接将权重参数从 1 万亿降低到 1 亿，但是这个数量仍然偏多，需要继续降低参数量，这就需要用到卷积运算的下一个特性——参数共享。

参数共享是指相同的参数被用在一个模型的多个函数中。在全连接神经网络中，计算每一层的结果时，权重矩阵中的每一个元素只使用了一次。然而在卷积神经网络中，核的每一个元素会作用在输入的每一位置上。卷积运算中的参数共享机制也会显著地降低参数的数量。相比于全连接方式中每一神经元都需要学习一个单独的参数集合而言，在卷积运算中每一层神经元只需要学习一个卷积核大小的参数集合即可。

我们仍然以上述案例进行分析，每一个隐藏单元都与图像中 10×10 的像素相连，也就是每个隐藏单元都拥有独立的 100 个参数。假设隐藏单元是由卷积运算得到，那么每一个隐藏单元的参数都完全一样（都是卷积核中的参数），这样的话，权重参数不再是 1 亿，而是 100，数量又发生了显著的降低，并且无论隐藏单元有多少个或者图像有多大，始终都是这 $10 \times 10 = 100$ 个权重参数，这就是所谓的权值共享。

但是要注意，参数共享并不会改变前向传播的运行时间，它只是显著地把需要存储的权重参数数量降低至 k 个（每个输出对输入的连接个数）。得益于稀疏连接和权重共享，卷积运算在存储需求和统计效率方面极大优于稠密矩阵的乘法运算。在很多实际的卷积神经网络应用中，一般会将 k 设为比 m（输入）小多个数量级，而通常 m 和 n（输出）的大小是大致相同的。

针对卷积操作，参数共享的机制使得神经网络对输入具有平移不变性。当处理图像数据时，这意味着卷积产生了一个二维映射来表明输入中某些存在的特征，如果我们移动输入中的某些对象，平移不变性就意味着在输出中特征也会进行一定的移动。

参数共享是实现平移等变的一个前提条件。对整个图像进行参数共享是很有用的，如对输入的图像使用卷积操作进行边缘检测时，某一物体的边缘像素会分布在图像的各处，如果多个卷积核使用了不同的参数来处理多个输入的位置，那么会导致边缘检测效率的降低。

（2）池化层

在通过卷积获得了特征之后，下一步要做的就是利用这些特征进行分类。理论上来讲，所有经过卷积提取到的特征都可以作为分类器的输入（如 softmax），但这样做将面临巨大的计算量。试着考虑一下，对于一个 300×300 像素大小的输入图像（假设深度为 1），经过 100 个 3×3 像素大小的卷积核进行卷积操作后，得到的特征矩阵大小是（300−3+1）×（300−3+1）=88 804，将这些数据一下子输入分类器中显然是不现实的，即使将这些特征数据经过多层全连接神经网络逐步减少，也会产生很多无法估计的权重参数。

图像中的相邻像素倾向于具有相似的值，因此通常卷积层相邻的输出像素也具有相似的值。这意味着卷积层输出特征中包含的信息大部分是冗余的，因此可以通过一些操作来降低卷积层输出特征的维度。池化层会将平面内某一位置及其相邻位置的特征值进行统计汇总，并将汇总后的结果作为这一位置在该平面内的值，从而实现特征降维，压缩数据和参数量，减小过拟合，同时提高模型的容错性。例如，常见的最大值池化函数会计算该位置及其相邻矩形区域内的最大值，并将这个最大值作为该位置的值；平均池化函数会计算该位置及其相邻矩形区域内的平均值，并将这个平均值作为该位置的值。

如果计算最大值池化或平均池化的区域在平面内不重叠（但最好连续），那么经由池化操作处理的特征映射图的大小会进一步缩小。正因为这样，在卷积层之后，往往会加入一个由池化函数构成的池化层。

1）最大值池化

如图 4–40 所示，在对每一个区域内部的数据进行最大值池化后得到了右侧结果中的数值。类比卷积函数的卷积核，我们可以将每次执行池化操作的过程都看作是存在一个池化函数的池化核，池化核的大小就是执行池化操作的矩形区域的大小。

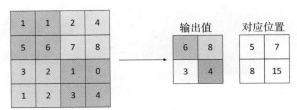

图 4–40　最大值池化处理结果示意

池化操作的过程与卷积操作的过程类似，我们同样需要对池化函数设置池化核大小、是否使用全 0 填充及池化核每次移动的步长。在图 4–40 中，池化核的大小是 2×2，没有使用全 0 填充，并且池化核每次移动的步长都是 2。需要注意的是，卷积操作的过程可能会造成数据矩阵深度的改变，但是池化操作不会。

2）平均池化

平均池化就是把每个区域中的值求取平均来做下采样，相比于最大值池化来说，平均池化可以更多地保留图像的背景信息。

三、经典卷积神经网络

通过前面的介绍，我们已经对卷积神经网络有了初步的了解。在本章中，将会通过 LeNet-5、AlexNet、VGGNet、GoogLeNet 与 ResNet 5 个颇有名气的经典卷积神经网络，来看看卷积神经网络具体实现起来的样子。

（1）LeNet-5 卷积网络模型

LeNet-5 出自论文 "Gradient-Based Learning Applied to Document Recognition" [30]，是一种用于手写数字识别的非常高效的卷积神经网络，被誉为早期卷积神经网络中最有代表性的实验系统之一。LeNet 是一个比较简单的卷积神经网络，共有 7 层（不包含输入层），包括 2 个卷积层，2 个下采样层和 3 个全连接层，图 4-41 展示了其具体结构。

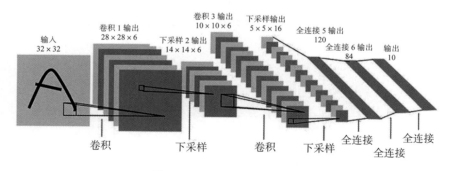

图 4-41　LeNet-5 网络结构

图 4-42 为 MNIST 数据库样例图，该数据集是由 Yann 提供的手写数字数据库文件，其官方下载地址为 http://yann.lecun.com/exdb/mnist/。该数据

库里的图像都是 28×28 像素的灰度图像，每个像素都是一个 8 位字节 (0～255)。这个数据集主要包含了 60 000 张训练图像和 10 000 张测试图像，由下面 4 个文件组成。

/*

Training set images：train–images–idx3–ubyte.gz (9.9 MB，解压后 47 MB，包含 60 000 个样本)

Training set labels：train–labels–idx1–ubyte.gz (29 KB，解压后 60 KB，包含 60 000 个标签)

Test set images：t10K–images–idx3–ubyte.gz (1.6 MB，解压后 7.8 MB，包含 10 000 个样本)

Test set labels：t10K–labels–idx1–ubyte.gz (5KB，解压后 10 KB，包含 10 000 个标签)

*/

图 4-42　MNIST 数据集可视化展示

LeNet–5 网络在 MNIST 数据集上可以达到约 99.2% 的准确率，20 世纪 90

年代被广泛应用于美国的多家银行进行支票手写字识别。相比于近几年的卷积神经网络，LeNet–5 网络规模较小，但包含了深度学习的基本模块：卷积层、下采样层、全连接层。它是学习其他更复杂深度卷积神经网络的基础，接下来我们将对 LeNet–5 的结构进行详细介绍。

第一个卷积层的输入为 32×32 像素的黑白图像。需要特别注意的是，MNIST 中提供的图片的分辨率为 28×28 像素。在进入网络前，首先通过对原图上下左右加 padding 的方式得到 32×32 像素的输入。

第一层为卷积层，卷积核尺寸为 5×5 像素，深度为 6，不使用 0 填充，步长为 1，输出的尺寸为 28×28 像素（（32–5+1）×（32–5+1））。这一层的可训练参数个数为 5×5×1×6+6=156 个，其中 6 为偏置项参数。

第二层为下采样层，本层通过大小为 2×2 像素、步长为 2 的滤波器完成最大值池化操作，得到的输出为 14×14×6 像素的 feature map（以下简称特征图）。

第三层为卷积层，输入分辨率为 14×14×6 像素，卷积核尺寸为 5×5 像素，深度为 16，不使用全 0 填充，步长为 1，输出尺寸为 10×10 像素（（14–5+1）×（14–5+1））。需要特别指出的是，本层的 16 个特征图不是一对一地连接到上一层的 6 个特征图的输出，而是有着特定的连接关系，如图 4–43 所示。

	0	1	2	3	4	5	6	7	8	9	10	11	12	13	14	15
0	×				×	×	×			×	×	×	×		×	×
1	×	×				×	×	×			×	×	×	×		×
2	×	×	×				×	×	×			×		×	×	×
3		×	×	×			×	×	×	×			×		×	×
4			×	×	×			×	×	×	×		×	×		×
5				×	×	×			×	×	×	×		×	×	×

图 4–43　LeNet 特征图连接

在图 4–43 中，“×”符号表示的是第三层的某个特征图与第二层的某个特征图存在着连接关系。举个例子，如第三层的第一个特征图与第二层的第一个、第二个及第三个特征图都存在连接关系，第三层的第二个特征图与第二层的第二个、第三个和第四个特征图都存在连接关系，以此类推。与第二层的多少个特征图存在连接关系会在下一层得到多少个特征图，这些特征图经过组合操作得到在第三层出现的最终的特征图。

第四层为下采样层，输入分辨率为 $10\times10\times16$ 像素，通过滤波器大小为 2×2 像素，步长为 2 的最大值池化操作，得到 $5\times5\times16$ 像素的特征图。

第五层为卷积层，尽管在 LeNet-5 模型的论文中将该层称为一个卷积层，但实际上基本和全连接层没有区别。这个卷积层的卷积核尺寸为 5×5 像素，深度为 120，没有使用全 0 填充且步长为 1，所以得到的每个特征图有 1×1 像素（$(5-5+1)\times(5-5+1)$）个神经元，也就是说 C5 的输出是一个 120 维的特征向量。这一层的可训练参数个数为 $5\times5\times16\times120+120=48\,120$ 个。

第六层为全连接层，输入节点个数为 120 个，输出节点个数为 84 个，可训练参数个数为 $120\times84+84=10\,164$ 个。最后经由 sigmoid 激活函数（在当时还没有普及使用 ReLU 激活函数）传递到 OUTPUT 层。

第七层为输出层，也是一个全连接层，共有 10 个单元，这 10 个单元分别代表着数字 0～9。如果单元 y_i 的值为 0（或接近 0），那么网络识别的结果就是数字 i。原理是因为网络采用了基于径向基函数（RBF）的连接方式，如式（4-26）：

$$y_i = \sum_j (x - w_{i,j})^2。 \tag{4-26}$$

其中，x 是上一层的输入，y 是 RBF 的输出，$w_{i,j}$ 由 i 的比特图编码确定，i 取值范围为 0～9，j 取值范围为 0～83（$7\times12-1$）。RBF 的值越接近于 0，则网络输出结果越接近于 i，即越接近于 i 的 ASCII 编码图。

LeNet-5 网络的结构规模决定了它无法很好地处理类似 ImageNet 这样比较大的图像数据集，下一部分要介绍的 AlexNet[15] 及本章中的其他卷积神经网络样例都能在类似 ImageNet 的图像数据集上获得比较不错的表现，它们的共同特点都是反复叠加了 LeNet-5 网络中构成现代 CNN 网络的基本组件。

（2）AlexNet 卷积网络模型

上一部分我们介绍了 LeNet-5 的具体结构，其在 MNIST 数据集上获得了 99% 的准确率，但是 LeNet-5 缺乏对于更大、更多图片进行分类的能力。2012 年，AlexNet 在 ImageNet 大赛上一举夺魁，开启了深度学习的时代，虽然后续有很多更快更准的卷积网络结构出现，但 AlexNet 依旧有很多值得学习的地方，它为后续的 CNN 结构定下了基调，AlexNet 是 CNN 领域比较有标志性的一个网络模型。

图 4-44 为 AlexNet 的网络结构，由于当时的 GPU 运算能力比较低，单个 GTX580 只有 3GB 显存，有限的显存会限制可训练网络的最大规模，所以作者通过两个 GPU 进行协同训练。每个 GPU 的显存只需要存储一半的神经元的参数即可，因为 GPU 之间通信方便，可以在不通过主机内存的情况下互相访问显存，所以同时使用多块 GPU 也是非常高效的。此外，AlexNet 的两个子网络并不是在所有的层之间都存在通信，有效降低了网络在 GPU 之间通信的性能损耗。

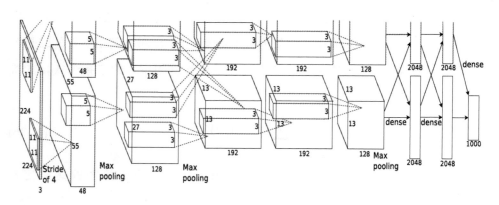

图 4-44　AlexNet 网络结构

从图 4-44 中可以看出，两个 GPU 处理同一幅图像，并且在每一层的深度都一致。AlexNet 共包含 8 层有效计算层，其中 5 个卷积层，3 个全连接层。在第一和第二个卷积层后连有 LRN 层，每个 LRN 及其他卷积层后都跟有最大值池化层与 ReLU 激活函数层，不过在后面的发展中也证明了 LRN 层并不是 CNN 必须包含的层，甚至可能造成网络准确率的降低。全连接层后使用了 dropOut 层以解决"过拟合"问题。AlexNet 包含 6.3 亿个左右的连接，参数的数量在 6000 万左右，神经元单元的数量大概有 65 万个。

　　数据增强也叫数据增广，是指在不实质性的增加数据的情况下，让有限的数据产生等价于更多数据的价值，对网络的训练和测试过程有一定的帮助作用。AlexNet 网络在训练时，会随机地从 256×256 像素的原始图像中截取 224×224 像素的区域，并对图像进行水平镜像从而增加样本量，可以在一定程度上防止"过拟合"现象的发生，提升网络的泛化能力。在测试的过程中，网络会首先随机截取输入图像的左上、右上、左下、右下和中间的位置，并进行水平镜像，这样可以获得 10 张图片，将这 10 张图片作为预测的输入并对得到的结果取均值，就可以得到这张图片最终的预测结果。

　　接下来，我们看一下 AlexNet 网络的一些细节[30]。由于硬件的发展，现在 AlexNet 的运行可以直接放在一块 GPU 上，因此我们在介绍网络结构时，将 AlexNet 看作一个完整的网络。

　　网络第一层卷积的输入是 224×224×3 像素，卷积核大小为 11×11 像素，深度为 96，步长为 4，则卷积后的输出为 55×55×96 像素。接下来是 ReLU 激活函数，LRN 与步长为 2、核大小为 3×3 像素的最大值池化操作，具体过程如图 4—45 所示。

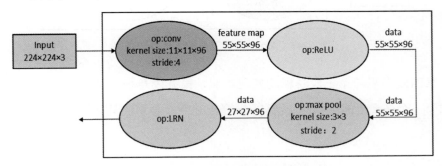

图 4—45　AlexNet 第一层的具体操作过程

网络第二层卷积的输入是图 4-45 的输出，结构与第一层类似，也包含 4 个操作。卷积核大小为 5×5 像素，深度为 256，步长为 1，则卷积之后的特征图为 27×27×256 像素，接下来仍然是 ReLU 激活、LRN 与最大值池化，具体过程如图 4-46 所示。

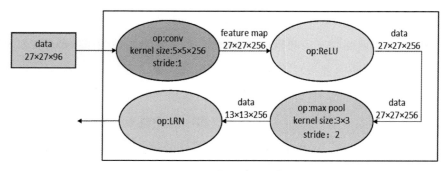

图 4-46　AlexNet 第二层的具体操作过程

网络第三层接收了来自上一层输出的数据，但是这一层去掉了池化操作和 LRN。第一个操作是 3×3 像素的卷积操作，核数量为 384，步长 stride 参数为 1，得到的结果是 384 个 13×13 像素的特征图；得到基本的卷积数据后，下一个操作是 ReLU 去线性化。图 4-47 展示了第三段卷积的大概过程。

图 4-47　AlexNet 第三层的具体操作过程

第四段卷积与第三段卷积的实现类似，第五段卷积在第四段卷积的基础上增加了一个最大值池化操作。图 4-48 是上述两个卷积的具体操作过程。

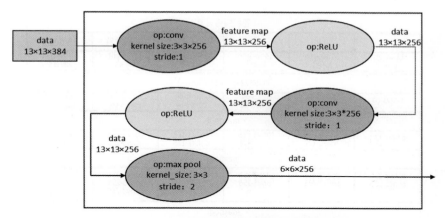

图 4–48 AlexNet 第四、第五层的具体操作过程

（3）VGGNet 卷积网络模型

2014 年，牛津大学计算机视觉组（Visual Geometry Group）和 Google DeepMind 公司的研究员一起研发出了新的深度卷积神经网络 VGGNet[16]，并取得了 ILSVRC2014 比赛分类项目的第二名和定位项目的第一名。相比于这一年 ILSVRC 图像分类竞赛的第一名——GoogLeNet[18]，VGGNet 在正确率与降低参数数量上略逊一筹。尽管如此，在实际使用时，特别是将网络迁移到其他类别数据集上，VGGNet 具有比 GoogLeNet 更好的泛化性能，拓展性强，因此成为计算机视觉任务中特征提取方面的常用网络，被广泛应用于视觉领域的各类任务。

VGGNet 结构非常简洁，整个网络全部使用了 3×3 像素的卷积核和 2×2 像素的池化核，通过重复堆叠的方式不断加深网络来提升性能。图 4–49 为 VGGNet 各级别的网络结构，根据网络深度的不同及是否使用 LRN，VGGNet 可以分为 A–E 6 个级别。

卷积网络设置					
A	A-LRN	B	C	D(VGG16)	E(VGG19)
11 weight layers	11 weight layers	13 weight layers	16 weight layers	16 weight layers	19 weight layers
input(224×224 RGB image)					
conv3-64	conv3-64 LRN	conv3-64 conv3-64	conv3-64 conv3-64	conv3-64 conv3-64	conv3-64 conv3-64
maxpool					
conv3-128	conv3-128	conv3-128 conv3-128	conv3-128 conv3-128	conv3-128 conv3-128	conv3-128 conv3-128
maxpool					
conv3-256 conv3-256	conv3-256 conv3-256	conv3-256 conv3-256	conv3-256 conv3-256 conv1-256	conv3-256 conv3-256 conv3-256	conv3-256 conv3-256 conv3-256 conv3-256
maxpool					
conv3-512 conv3-512	conv3-512 conv3-512	conv3-512 conv3-512	conv3-512 conv3-512 conv1-512	conv3-512 conv3-512 conv3-512	conv3-512 conv3-512 conv3-512 conv3-512
maxpool					
conv3-512 conv3-512	conv3-512 conv3-512	conv3-512 conv3-512	conv3-512 conv3-512 conv1-512	conv3-512 conv3-512 conv3-512	conv3-512 conv3-512 conv3-512 conv3-512
maxpool					
FC-4096					
FC-4096					
FC-1000					
soft-max					

图 4-49　VGG 网络模型结构

　　尽管从 A 级到 E 级网络深度逐步加深，但模型参数量并没有显著增加，如图 4-50 所示。这是因为全连接层参数占据了整个网络的绝大多数参数，而 6 个级别的 VGGNet 具有相同的全连接层。但是由于卷积操作的运算过程比较复杂，所以训练中比较耗时的部分仍然是卷积层。

A	A-LRN	B	C	D	E
133M	133M	133M	134M	138M	144M

图 4-50　VGG 各级别网络参数量

　　从图 4-49 可以看出，VGGNet 拥有 5 段卷积，每一段内有 1 ～ 4 个卷积层，每段卷积的尾部会连接一个最大值池化层来缩小图片的尺寸。每段内的卷积层拥有相同的卷积核数，之后每增加一段，该段内卷积层的卷积核数增长一倍，特征分辨率降低一半。接收输入的第一段卷积中，每个卷积层拥有最少的 64 个卷积核，接着第二段卷积中每个卷积层的卷积核数量上升到 128 个；最后一段卷积拥有最多的卷积层数，每个卷积层拥有最多的 512 个卷积核。

图 4-49 中的网络结构 D 是著名的 VGG16，网络结构 E 是著名的 VGG19，我们以 VGG16 为例，具体处理过程如下。

①输入分辨率为 $224 \times 224 \times 3$ 像素的图片，经 64 个 3×3 的卷积核作两次卷积 + 激活函数 ReLU，卷积后的尺寸变为 $224 \times 224 \times 64$ 像素；

② 最大值池化，池化单元尺寸为 2×2，池化后特征图的尺寸变为 $112 \times 112 \times 64$ 像素；

③ 经 128 个 3×3 的卷积核作两次卷积 + 激活函数 ReLU，尺寸变为 $112 \times 112 \times 128$ 像素；

④经过 2×2 的最大值池化操作，尺寸变为 $56 \times 56 \times 128$ 像素；

⑤ 经 256 个 3×3 的卷积核作三次卷积 + 激活函数 ReLU，尺寸变为 $56 \times 56 \times 256$ 像素；

⑥经过 2×2 的最大值池化操作，尺寸变为 $28 \times 28 \times 256$ 像素；

⑦ 经 512 个 3×3 的卷积核作三次卷积 + 激活函数 ReLU，尺寸变为 $28 \times 28 \times 512$ 像素；

⑧经过 2×2 的最大值池化操作，尺寸变为 $14 \times 14 \times 512$ 像素；

⑨ 经 512 个 3×3 的卷积核作三次卷积 + 激活函数 ReLU，尺寸变为 $14 \times 14 \times 512$ 像素；

⑩经过 2×2 的最大值池化操作，尺寸变为 $7 \times 7 \times 512$ 像素；

⑪分别与 2 层 $1 \times 1 \times 4096$，1 层 $1 \times 1 \times 1000$ 进行全连接 + 激活函数 ReLU（共 3 层）；

⑫ 通过 softmax 输出 1000 个预测结果。

（4）InceptionNet 卷积网络模型

Google 的 InceptionNet 首次亮相是在 2014 年的 ILSVRC 比赛中，以较大的优势取得了第一名，它最大的特点在于控制了计算量和参数量的同时，获得了非常好的分类性能——top-5 错误率只有 6.67%。我们将这一年的 InceptionNet 称为 Inception V1，也就是大家常说的 GoogLeNet[18]。之所以命名为"GoogLeNet"，而不是"Googlenet"，文章说是为了向早期的 LeNet 致敬。

相比 VGGNet，GoogLeNet 增加了深度，达到了 22 层，网络结构如图 4-51 所示，但其计算量只有 15 亿次浮点运算，参数为 500 万个（5M），仅为 VGGNet 的 1/28，却可以达到高于 VGGNet 的准确率，可以说是非常优秀且非常实用的模型了。GoogLeNet 模型参数小而效果好的原因主要有两点，分别是全局平均池化代替全连接层，有效降低了计算量和参数量；通过 Inception Module 提高参数的利用效率。这两点灵感都来自"Network in Network"[31]（以下简称 NIN）中的一些做法。

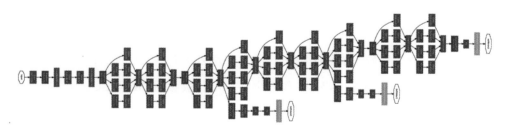

图 4-51　GoogLeNet 网络结构

NIN 主要通过串联卷积层和 MLP 层 [级联在一起的层称为 MLPConv （Multilayer Perceptron+Convolution）] 来提高卷积层的表达能力。一般来说，提升卷积层表达能力的方法主要是通过增加输出通道数，然而这样做会增加计算量并可能导致"过拟合"。MLPConv 主要通过多层感知机（多层的全连接层）来替代单纯的卷积神经网络中的加权求和，允许在输出通道之间组合信息，具有更强大的表达能力。图 4-52 展示了 MLPConv 的连接情况，其中输入的特征图由卷积操作得到，可以将全连接看作是卷积核大小为 1×1 的卷积层，于是 MLPConv 就基本等效于普通卷积层再连接 1×1 的卷积和 ReLU 激活函数。GoogLeNet 中的 Inception Module 类似于网络中的小模块，可以反复堆叠在一起形成复杂的、表达能力强的网络，其对 NIN 更进一步的改进是增加了分支网络，使得网络具有多种感受野结果的叠加，特征表达能力更强。

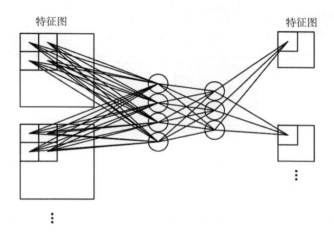

图 4-52　MLPConv 的连接示意

　　Inception Module 的结构如图 4-53 所示，基于 4 个组成成分 1×1 卷积、3×3 卷积、5×5 卷积和 3×3 最大值池化来构成 4 个分支。第一个分支是对输入进行 1×1 卷积，这是一个非常优秀的结构，用很小的计算量就能增加一层特征变换和非线性化，可以跨通道组织信息，提高网络的表达能力，同时可以对输出通道进行维度调整，包括升维和降维。仔细观察图 4-53 可以发现，每个分支都包含了 1×1 的卷积，特别是第二个分支和第三个分支，在 3×3 和 5×5 前面加入 1×1 的卷积进行维度变换来减小计算量。最后一个分支将 1×1 卷积放在 3×3 最大值池化之后，也是为了参数量的减少。Inception Module 的 4 个分支在最后通过一个聚合操作合并（在输出通道数这个维度上聚合），增加了网络对不同尺度的适应性，这一点和 Multi-Scale 的思想类似，对图像进行不同尺感受野的特征提取能够提高卷积神经网络对不同大小物体的识别能力。

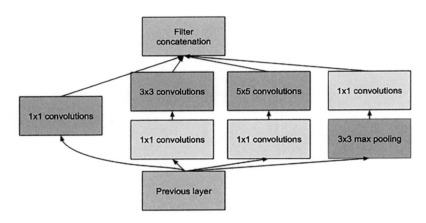

图 4-53　Inception Module 结构

在提出 Inception Module 的论文 "Going Deeper with Convolutions"中指出，其主要设计思想就是通过一个最优的 Inception Module 结构来更好地实现局部稀疏的稠密化。这样的结构可以高效率地扩充网络的深度和宽度，在提升准确率的同时降低"过拟合"的风险。在一个 Inception Module 中，通常 1×1 卷积核的数量最多。Inception V1 堆叠了多个 Inception Module，在网络越深入的部分，可以发现 3×3 和 5×5 这两个大面积的卷积核的数量逐渐增加，甚至超过了 1×1 卷积核的数量。这是因为使用更多大面积的卷积核能够捕获更多大面积的特征（更高阶的特征）[30]。

（5）ResNet 卷积网络模型

残差网络[17]（Residual Neural Network，ResNet）由微软研究院的何恺明等 4 名华人提出，它的提出是卷积神经网络史上一件具有里程碑意义的事件。在 ILSVRC2015 和 COCO2015 比赛中，ResNet 斩获了 5 项第一，并以 top-5 错误率 3.57% 的好成绩刷新了 CNN 模型在 ImageNet 上的历史。ResNet 的深度达到了惊人的 152 层，但参数量却比 VGGNet 低，可谓"简单与实用"并存，之后很多方法都是建立在 ResNet 的基础上完成的，涉及领域包括但不仅限于检测、分割和识别场景。

在介绍 ResNet 结构之前，我们首先做一个分析。深度学习中的卷积神经网络的发展从 AlexNet（5 个卷积层）、VGGNet（19 个卷积层）到 GoogLeNet（22 个卷积层），网络结构不断加深，模型准确率也不断提升。这是因为更深的网络特征表达能力更强，从而可以得到更好的结果。理论上来说，当我们不断增加网络的深度时，准确率应该不断提升。但事实真的是这样吗？其实不然，何恺明等人发现，当网络层数达到一定的量级之后，网络的性能开始饱和，而以后随着网络深度的增加性能不增反降。这种退化并不是由"过拟合"引起的，因为训练精度和测试精度都在下降，这说明当网络加深后，变得不是那么好训练了。ResNet 就是为解决这种问题而提出的，它的提出成功解决了此类问题，使得即使在网络层数很深（甚至在 1000 多层）的情况下，模型依然能取得很好的性能和效率。

我们先来考虑这样一个事实：现在你有一个浅层网络，你想通过继续堆积新层来加深网络层数，一个极端情况是这些增加的层不参与学习，只是简单复制浅层特征，我们称为恒等映射。在这种情况下，深层网络至少应该获得和浅层网络同样的性能，不应该出现比浅层网络更差的结果。但目前我们训练的结果却是相反的，深层网络的性能低于浅层网络。基于这样的假设与实际现象，何恺明提出了用残差学习来解决退化问题。

对于一个堆积层结构（几层网络堆积而成），当输入 x 时网络的输出为 $H(x)$，现在我们希望可以只学习到残差 $F(x)=H(x)-x$，之所以这样是因为残差学习相比原始特征直接学习更加容易。当残差为 0 时，此时堆积层仅仅是做了恒等映射，网络性能理论上不应该下降。而实际中残差不可能为 0，这样堆积层就可以学到新的特征，从而获得比浅层网络更好的结果。残差学习的结构如图 4-54 所示，它使用了一种连接方式叫作"shortcut connection"，也是论文中提到的"identity mapping"，其实就相当于加了一条高速公路，使得 x 可以直接传到输出作为初始结果。

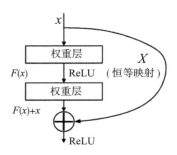

图 4-54　加入恒等映射层

　　从数学的角度分析这个问题之前，我们用一个生活中商品分发的例子来直观感受下这个思想。如图 4-55 所示，左边来了一辆装满了"梯度"商品的货车，来领商品的客人一般都要排队一个个拿才可以，如果排队的人太多，后面的人可能就没有了。于是这时候开通了一个快速通道，由一个人通过"快速通道"到货车上领取一部分"梯度"商品，直接分发给后面的人，这样后面排队的客人就能拿到更多的"梯度"。

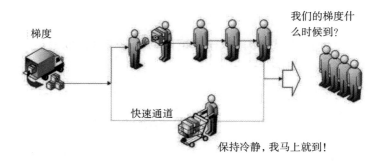

图 4-55　残差思想示例

　　接下来我们从数学的角度来理解残差思想为什么可以解决网络变深之后的

退化问题。首先残差单元可以表示为：

$$y_l = h(x_l) + F(x_l, w_l)$$
$$x_{l+1} = f(y_l)$$

(4-27)

其中，x_l 和 x_{l+1} 分别表示的是第 l 个残差单元的输入和输出，一般每个残差单元都包含多层结构。F 表示残差函数，代表学习到的残差，而 $h(x_l) = x_l$ 表示恒等映射，f 是激活函数 ReLU，w_i 代表学习到的权重参数。基于式（4-27），我们可以得到从浅层 l 到深层 L 的学习特征为：

$$x_L = x_l + \sum_{i=l}^{L-1} F(x_i, w_i)$$

(4-28)

利用链式法则，可以求得反向过程的梯度公式为：

$$\frac{\partial Loss}{\partial x_l} = \frac{\partial Loss}{\partial x_L} \cdot \frac{\partial x_L}{\partial x_l} = \frac{\partial Loss}{\partial x_L} \cdot (1 + \frac{\partial}{\partial x_L} \sum_{i=l}^{L-1} F(x_i, w_i))$$

(4-29)

其中，$\dfrac{\partial Loss}{\partial x_L}$ 表示损失函数到达 L 的梯度，小括号中的 1 表明"快捷通道"机制可以无损地传播梯度，而另外一项残差梯度不是直接传递，而是需要经过带有权重的层。残差梯度不会全为 −1，而且值比较小，因为 1 的存在所以不会导致梯度消失，因此残差学习有助于解决梯度弥散的问题。只要内存足够，哪怕是上千层的网络，梯度也能畅通无阻地通过各个 Res blocks。

图 4-56 展示了 ResNet 网络将残差学习单元堆叠起来的情况。将 ResNet 网络结构与之前的卷积神经网络结构图进行对比，可以发现 ResNet 和普通卷积神经网络的最大区别在于，ResNet 有很多旁路的支线将上一残差单元的输入直接参与到输出，这样能够在一定程度上保护信息的完整性，后面的残差单元也可以直接对残差进行学习。

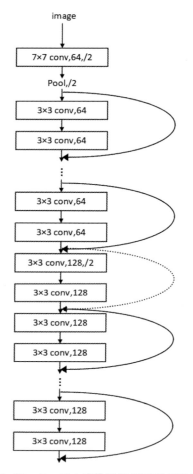

图4-56 ResNet 堆叠残差学习单元示意

　　值得一提的是，在提出 ResNet 的那篇论文中，作者尝试了将网络扩展到不同的深度，如图 4-57 所示。从图中可以看到，这些不同网络配置的 ResNet 有着相似的基础结构，那就是残差学习单元。以层数为 152 的 ResNet 中层名称为 "conv3_x" 的层为例，这个层由 8 个残差学习单元叠加而来（一般会将由残差学习单元叠加而成的结构称为一个残差学习模块），每个残差单元有 3 个卷积层，其中 "3×3，128" 中的 "128" 指的是这一层的输出深度。

层名字	输出尺寸	18 层	34 层	50 层	101 层	152 层
conv1	112×112	7×7, 64, stride 2				
		3×3 max pool, stride 2				
conv2_x	56×56	$\begin{bmatrix} 3\times3,\,64 \\ 3\times3,\,64 \end{bmatrix}\times2$	$\begin{bmatrix} 3\times3,\,64 \\ 3\times3,\,64 \end{bmatrix}\times3$	$\begin{bmatrix} 1\times1,\,64 \\ 3\times3,\,64 \\ 1\times1,\,256 \end{bmatrix}\times3$	$\begin{bmatrix} 1\times1,\,64 \\ 3\times3,\,64 \\ 1\times1,\,256 \end{bmatrix}\times3$	$\begin{bmatrix} 1\times1,\,64 \\ 3\times3,\,64 \\ 1\times1,\,256 \end{bmatrix}\times3$
conv3_x	28×28	$\begin{bmatrix} 3\times3,\,128 \\ 3\times3,\,128 \end{bmatrix}\times2$	$\begin{bmatrix} 3\times3,\,128 \\ 3\times3,\,128 \end{bmatrix}\times4$	$\begin{bmatrix} 1\times1,\,128 \\ 3\times3,\,128 \\ 1\times1,\,512 \end{bmatrix}\times4$	$\begin{bmatrix} 1\times1,\,128 \\ 3\times3,\,128 \\ 1\times1,\,512 \end{bmatrix}\times4$	$\begin{bmatrix} 1\times1,\,128 \\ 3\times3,\,128 \\ 1\times1,\,512 \end{bmatrix}\times8$
conv4_x	14×14	$\begin{bmatrix} 3\times3,\,256 \\ 3\times3,\,256 \end{bmatrix}\times2$	$\begin{bmatrix} 3\times3,\,256 \\ 3\times3,\,256 \end{bmatrix}\times6$	$\begin{bmatrix} 1\times1,\,256 \\ 3\times3,\,256 \\ 1\times1,\,1024 \end{bmatrix}\times6$	$\begin{bmatrix} 1\times1,\,256 \\ 3\times3,\,256 \\ 1\times1,\,1024 \end{bmatrix}\times23$	$\begin{bmatrix} 1\times1,\,256 \\ 3\times3,\,256 \\ 1\times1,\,1024 \end{bmatrix}\times36$
conv5_x	7×7	$\begin{bmatrix} 3\times3,\,512 \\ 3\times3,\,512 \end{bmatrix}\times2$	$\begin{bmatrix} 3\times3,\,512 \\ 3\times3,\,512 \end{bmatrix}\times3$	$\begin{bmatrix} 1\times1,\,512 \\ 3\times3,\,512 \\ 1\times1,\,2048 \end{bmatrix}\times3$	$\begin{bmatrix} 1\times1,\,512 \\ 3\times3,\,512 \\ 1\times1,\,2048 \end{bmatrix}\times3$	$\begin{bmatrix} 1\times1,\,512 \\ 3\times3,\,512 \\ 1\times1,\,2048 \end{bmatrix}\times3$
	1×1	average pool, 1000-d fc, softmax				
FLOPs		1.8×10^9	3.6×10^9	3.8×10^9	7.6×10^9	11.3×10^9

图 4-57　不同层数的 ResNet 的网络配置

引入残差学习单元结构的 ResNet 成功消除了之前卷积神经网络中随着层数增加而导致的测试集准确率下降的问题。随着网络层数的加深，ResNet 在测试集上得到的错误率也逐渐地减小。在 ResNet 提出后不久，Google 就在其基础上提出了 Inception V3 的改进版本 Inception V4 和 Inception-ResNet-V2。在融合了这两个模型后，创造了在 ImageNet 数据集上 top-5 错误率 3.08% 的新低[30]。

四、循环神经网络简介

循环神经网络（Recurrent Neural Network，RNN）是一类以序列数据为输入，在序列的演进方向进行递归且所有节点（循环单元）按链式连接的递归神经网络[32]。RNN 与传统神经网络最大的区别在于每次都会将前一次的输出结果带到下一次的隐藏层中，一起训练。随着 GPU 硬件性能的发展和神经网络结构的进步，RNN 变得越来越流行，现在已经在众多自然语言处理（Natural Language Processing，NLP）任务中取得了巨大成功及广泛应用。RNN 对具有时间序列特性的数据非常有效，它能挖掘数据中的时序信息和语义信息。研究人员充分利用了 RNN 的这种优势，在多个应用领域取得了突破。

一个最简单的 RNN 结构[33] 如图 4–58 所示：网络一共有 3 层，分别是输入层 x，隐藏层 h 和输出层 y。定义每一层的节点下标如下：k 表示的是输出层的节点下标，j 表示的是当前时间节点隐藏层的节点下标，l 表示的是上一时间节点隐藏层的节点下标，i 表示的是输入层的节点下标。对于一个普通的单输入前馈神经网络来说，隐藏层某一时刻某一节点的激活 $net_j(t)$ 可以用式（4–30）表示：

$$net_j(t) = \sum_i^n x_i(t)V_{ji} + \theta_j \text{。} \tag{4–30}$$

其中，n 表示的是输入层节点的个数，θ_j 表示的是一个偏置参数，t 表示的是 t 时间节点，V 表示的是权重。但是在循环神经网络中，隐藏层在某一时刻某个节点的激活不再单单受到输入层的影响，也受到上一时刻的隐藏层状态的影响。隐藏层的节点状态被"循环"地利用于神经网络之中，这就组成了一个循环神经网络。如图 4–58 所示，隐藏层节点的激活 $net_j(t)$ 的计算方式被更新为：

$$\begin{cases} net_j(t) = \sum_i^n x_i(t)V_{ji} + \sum_l^m h_l(t-l)u_{jl} + \theta_j \\ h_j(t) = f(net_j(t)) \end{cases} \text{。} \tag{4–31}$$

其中，m 表示的是隐藏层节点的总个数，f 表示的是隐藏层节点的激活函数，u 表示的是权重。对于一个神经网络来说，激活函数有多种选择，如 sigmoid 函数、tanh 函数等。对于输出层的激活计算，循环神经网络与常见的前馈神经网络没有太大的区别，都可以使用如下公式来计算：

$$\begin{cases} net_k(t) = \sum_j^m h_j(t)w_{kj} + \theta_k \\ y_k(t) = g(net_k(t)) \end{cases} \text{。} \tag{4–32}$$

从循环神经网络的执行机制可以很容易地看出，它最擅长解决与时间序列相关的问题。对于一个序列问题，可以将这个序列上的数据在不同时刻依次传入循环神经网络的输入层，而每一个时刻循环神经网络的输出可以是对序列中下一个时刻的预测，也可以是对当前时刻信息的处理结果（如语音识别结果）。

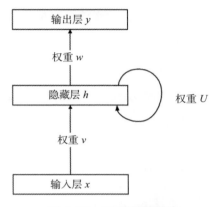

图 4-58 RNN 网络结构

五、生成对抗网络简介

生成对抗网络（GAN）由 Ian Goodfellow 等人在 2014 年的 "Generative Adversarial Networks" [34] 一文中提出。Facebook 的人工智能主管 Yann Lecun 对其的评价是："机器学习在过去 10 年中最有趣的想法"。GAN 由生成模型和判别模型组成，这两个模型天然是以对抗的方式存在的。对于判别模型而言，我们希望构建一个模型，在给定输入的情况下，这个模型可以尽可能正确地区分真假两种输入类型。对于生成模型而言，我们希望构建一个模型能"弄懂"输入并产生类似的输入。GAN 本质上就是一个生成模型，试图通过对抗博弈的学习方式让模型尽可能生成逼真的输入分布。

我们仍然通过一个简单的示例来理解生成对抗网络的原理。假设一名造假者试图伪造红酒。一开始，作为一名小白，他非常不擅长该任务。于是，他将自己造的假酒和真酒混在一起给品鉴师。品鉴师对每瓶酒进行真实评估，并向这个造假者给出相应的反馈，告诉他更真的红酒是什么样的。造假者回到自己的作坊，根据品鉴师的反馈，开始制作一些新的假酒。随着时间的推移，二人一来一往的交流，造假者变得越来越擅长造假酒，品鉴师也变得越来越擅长找出假酒。直到最后，造假者终于造成了足以以假乱真的红酒 [35]。

图 4-59 是上述示例的可视化示意，这就是 GAN 的工作原理：一个造假者网络和一个品鉴师网络，二者训练的目的都是为了打败彼此。具体来说，GAN 由生成器网络和判别器网络组成。生成器网络以一个随机向量作为输入，将其解码成一张"伪造图像"，而判别器网络以一张图像（来自训练集或生成网络"伪造"）作为输入，预测该图像是来自训练集还是生成网络"伪造"的。

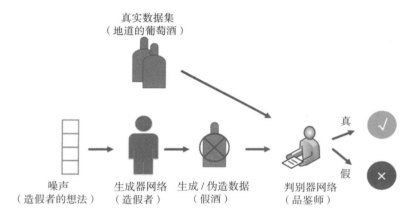

图 4-59　生成对抗网络的原理

训练生成器网络的目的是使其能够欺骗判别器网络，因此随着训练的进行，它能够逐渐生成越来越逼真的图像，甚至达到以假乱真的程度，以至于判别器网络无法区分二者。同时，判别器网络也在不断提高"鉴伪"能力，为生成图像的真实性设置了很高的标准。一旦训练结束后，生成器就能够将其输入空间中的任何点转换为一张真实可信的图像。其网络结构示意如图 4-60 所示。

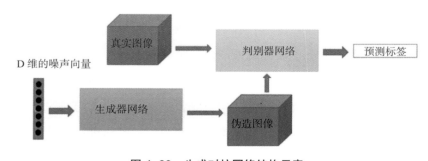

图 4-60　生成对抗网络结构示意

六、强化学习简介

随着 AlphaGo[36] 和 AlphaZero[37] 的 出 现，强化学习（Reinforcement Learning，RL）算法在这几年引起了学术界和工业界的重视。强化学习和深度学习一样，属于机器学习的范畴，是其中一个重要的分支。强化学习主要受到生物有效适应环境的启发，强调在复杂的、不确定性的环境中通过试错的机制与环境进行交互，以取得最大化的预期利益。

让我们以小孩学习走路为例 [38] 来理解强化学习的原理。小孩想要走路，他需要先站起来，然后保持平衡，接下来考虑先迈出一条腿，是左腿还是右腿，最后迈出一步后还要再迈出下一步。如图 4-61 所示，小孩试图通过采取行动（即行走）来操纵环境（行走的表面），并且从一个状态转变到另一个状态（即他走的每一步），当他成功走出几步之后，他会得到奖励，然后继续努力，而如果他不能迈出第一步，他将不会得到奖励。通过不停地努力和奖励，小孩最终一定会学会走路，这就是强化学习的过程。

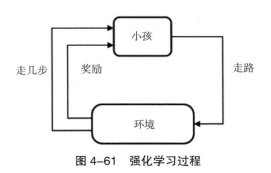

图 4-61　强化学习过程

强化学习中一共有 5 个主要概念，分别是环境、智能体、状态、动作和奖惩，其目标就是在训练的过程中不断进行尝试，错了就惩罚，对了就奖励，如此迭代，直到得到在各个环境状态中都比较好的决策。强化学习的应用场景很多，比较典型的就是设计一个逻辑实现玩游戏的功能或在棋牌游戏中与人类进行对战。围棋是能够说明强化学习的一个比较简单但很经典的例子。在围棋中，环境状态就是整个已经形成的棋局，行动是指强化学习模型决定在某个位置落子，奖惩是当前这步棋获得的目数（因为围棋中存在不确定性，在对弈时获得估计的目数，在结束后计算准确的目数。为了赢得最终的胜利，需要在结束时总目数超过对手）。强化学习模型需要根据环境状态、行动和奖惩，学习出最佳落子的策略，并且以结束时的总目数超过对手为目标，即不能只看每一个落子行动所带来的奖惩，还要看到这个行动在未来的潜在价值[39]。

　　强化学习目前还不够成熟，应用场景也比较局限，但作为机器学习领域跨学科性质非常显著的一个分支，受到生理学、神经科学和最优控制等领域的启发，强化学习的研究热潮不减。现在业界已有不少开源强化学习工具，百度也发布了基于 Paddle 的深度学习框架和强化学习工具 PARL。尽管强化学习还存在这样那样的问题，但这些问题也是未来值得去突破的方向，期待未来有更多创造性的结果产出。

第五节　深度学习应用

　　深度学习是机器学习研究中的一个新的领域，其动机在于建立可模拟人脑进行分析学习的神经网络，它模仿人脑的机制来解释数据，如图像、声音和文本。日益丰富的数据为深度学习算法提供了大量的数据支撑，加之硬件条件特别是 GPU 的支持，深度学习在语音识别、自然语言处理、计算机视觉这三大领域取得了巨大的成功。接下来我们来看一下我们的日常生活中包含了哪些深度学习应用。

一、语音识别

　　语音识别是把人类的声音信号转化为文字的过程，目的是让机器可以理解人类，是用于人与人、人与机器进行更顺畅交流的技术，目前已在生活的各个方面得到应用。2014 年，Amazon 推出业界首款智能音响 Echo，截至 2017 年年底，已出货 1100 万台，在美国市场占有率超 70%。2016 年，谷歌推出内置扬声器的语音激活设备 Google Home，可以通过语音控制家庭设备，同时推出语音助理 Google Assistant，并嵌入安卓操作系统中。除此之外，还有大家熟知的苹果的 Siri、阿里的天猫精灵、科大讯飞的智能语音产品等。

二、自然语言处理

自然语言处理（NLP）就是机器语言和人类语言之间沟通的桥梁，以实现人机交流为目的。自然语言处理的应用场景非常广泛，我们经常使用的谷歌翻译，其背后就是深度学习，利用大型递归神经网络，谷歌已经可以支持 100 种语言的即时翻译。此外，当我们身处国外，只要下载一款类似谷歌翻译的 APP，就可以随时翻译路标、门店名、菜单等。另一个渗透到我们生活中的应用就是淘宝客服，它可以解决我们遇到的常规问题，实实在在地方便了我们的生活，同时减少了店家的人工成本。

三、计算机视觉

计算机视觉是目前深度学习领域最热门的研究领域之一，旨在识别和理解图像／视频中的内容，诞生于 1966 年 MIT AI Group 的"the summer vision project"。由于人类可以很轻易地进行视觉感知，MIT 的教授们希望通过一个暑期项目解决计算机视觉问题。当然，计算机视觉没有被一个暑期内解决，但经过 50 余年发展已成为一个十分活跃的研究领域。如今，互联网上超过 70% 的数据是图像／视频，全世界的监控摄像头数目已超过人口数，每天有超过 8 亿小时的监控视频数据生成，如此大的数据量急需自动化的视觉理解与分析技术。接下来我们将会以几个典型的应用场景为例，介绍深度学习在我们日常生活中的应用。

场景 1：人脸应用

人脸识别产品已广泛应用于金融、安防、政府、航天、教育、医疗等领域。主要有人脸识别门禁考勤机、人脸识别防盗门等产品，其基本技术主要包括人脸检测、关键点检测、人脸识别、活体检测等。

1）人脸检测

目标检测领域可以划分为人脸检测与通用目标检测，人脸检测往往有专门的算法，这主要因为人脸的特殊性（譬如有时候目标比较小、人脸之间特征不明显、遮挡问题等）。人脸检测的目标是找出图像中所有人脸对应的位置，算法的输出是人脸外接矩形在图像中的坐标，可能还包括姿态如倾斜角度等信息。

虽然人脸的结构固定，近似为一个刚体，但由于姿态和表情的变化，受不同人的外观差异、光照、遮挡的影响，准确地检测处于各种条件下的人脸是一件相当困难的事情。人脸检测算法要解决以下几个核心问题：人脸在图像中的位置是任意的；人脸具有不同的大小；人脸具有不同的视角和姿态；人脸可能被遮挡。评价一个人脸检测算法好坏的指标是检测率和误报率，算法一般要在检测率和误报率之间做平衡，理想的情况是有高检测率，低误报率。我们将检测率和误报率定义如下：

$$检测率 = \frac{检测出的人脸数}{图像中所有人脸数}, \tag{4-33}$$

$$误报率 = \frac{误报个数}{图像中所有非人脸扫描窗口数}。 \tag{4-34}$$

2）人脸关键点定位

所谓人脸关键点就是我们人脸中从眉毛到眼睛到鼻子到嘴唇，到人脸的轮廓等这样一些特征区域外部的轮廓点。基于这些点，我们就能完整地描述一个人脸的图像，它是人脸形状的一个稀疏表达。人脸关键点实现了像素到语义级别的转换。也就是说我们之前理解人脸，只能理解是一个一个的 RGB 像素。当我们有了关键点之后，关键点的一个向量就是我们人脸形状的一个表达，我们可以利用关键点来对人脸做一些简单判断和分类。

3）人脸识别

人脸识别的应用场景主要分为 3 个方面：一是 1∶1 的场景，如过安检时进行的身份证和人脸比对；二是 1∶N 的场景，如公安部要在大量的视频中检索犯罪嫌疑人；三是大数据分析场景，主要是表情分类，还有医学分析等。图 4-62 是人脸识别的简单流程，通过摄像头、视频获取到人脸后经过图像处理、特征提取、特征比对，最后输出结果[40]。

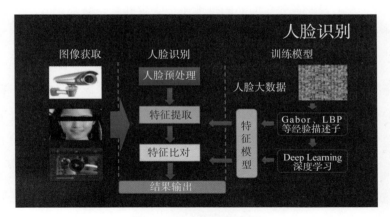

图 4-62　人脸识别流程

4）活体检测

随着人脸识别、人脸解锁等技术在金融、门禁、考勤、人证合一等日常生活中的广泛应用，人脸防伪 / 活体检测技术在近年来得到了广泛关注。简单来说，活体检测就是要识别出成像设备（摄像头、手机等）上检测到的人脸图像是来自真实的人脸，还是某种形式的攻击或伪装。这些攻击形式主要包括照片（纸质照片和手机、平板等电子设备上的照片）攻击、视频回放攻击、面具攻击等。

活体检测包括普通 RGB 摄像头上的检测，也包括红外摄像头、三维深度摄像头上的检测。后面两种相对容易实现，这里主要讨论普通 RGB 摄像头上的检测。活体检测一般分为两种，一种是配合式活体检测，需要用户配合做几个动作，如点头、摇头、眨眼、张嘴等，使用人脸关键点定位和人脸追踪等技术，验证用户是否为真实活体本人操作，安全性较高；另一种是静默式活体检测，该类方式不需要用户动作配合，只需要用户实时拍摄一张照片或是一段人脸视频，即可进行真人活体校验，对用户通过显示器播放的人脸视频能进行严格校验识别，防止视频回放攻击，体验较好。

场景 2：自动驾驶应用

从始于 20 世纪 60 年代的《星际迷航》，再到《钢铁侠》《I，robot》《黑客帝国》等，人工智能在公众面前的呈现多多少少都有些科幻成分。不过近些年，人工智能技术在现实生活中的飞速发展使得公众的关注点明显聚焦在了技术产业中，一个典型的例子便是自动驾驶。

汽车要想实现自动驾驶，感知、决策与控制 3 个系统缺一不可。其中，首要解决的便是图像识别能力，传感器的"智能"水平很大程度上决定了自动驾驶汽车在复杂路况上的可靠度，因此深度学习算法便成为关键所在。2017 年 3 月，英特尔斥资 150 多亿美元收购 Mobileye 便是为了凭借后者在计算机视觉特别是物体识别和可行驶区检测等方面的优势，从而扩大公司在自动驾驶领域的影响力。下面主要从道路检测，车道线检测，行人、车辆检测及路标指示牌检测等方面介绍深度学习在自动驾驶方面的具体应用。

1）道路检测

语义分割是计算机视觉中的基础任务，可以为图像中的每个像素点赋予含义。在道路检测中，我们在语义切分的过程中将像素分为两类（分别是道路和非道路），并对识别为道路的部分标上了颜色。通过这一点，汽车可以识别出当前场景下哪一块是可行驶区域，这一点对无人驾驶汽车来说尤为重要（图 4-63）。

图 4-63　道路识别场景中的语义分割结果

2）车道线检测

车道线检测是自动驾驶领域的常规工作，主要通过识别道路上的车道线标记来指导车辆的行驶工作。由于各种各样的不确定性，特别是来自汽车和树木的阴影、光照条件的变化、现实交通道路状况和道路奇点、破损的路面标志和其他标记等，车道线检测仍然是一个具有挑战性的问题（图 4-64）。

图 4-64　车道线检测结果

3）行人、车辆检测

目标检测是自动驾驶领域的核心技术之一，自动驾驶的汽车需要实时检测周围所有交通参与者，包括机动车、非机动车、行人，并准确地检测出各个目标的位置、大小和运动方向。道路目标检测主要涉及车辆和行人等目标，由于对象的类型、外观、形状和尺寸存在差异，传统方法往往不够健壮，基于深度学习的算法在障碍物检测领域表现出了优越的性能（图4-65）。

图 4-65　行人、车辆检测结果

4）路标指示牌识别

交通标志是道路基础设施的重要组成部分，它们为道路使用者提供了一些关键信息，并提醒驾驶员及时调整驾驶行为，以确保遵守道路安全规定。现在，每年大约有130万人死于交通事故，如果没有这些道路标志，这个数字肯定会更高。当然，自动驾驶车辆也必须遵守交通法规，因此需要识别和理解交通标志。

场景3：文本检测和识别

文本检测和识别技术处于一个学科交叉点，其技术演进不断受益于计算机视觉和自然语言处理两个领域的技术进步。它不仅需要依靠视觉处理技术来提取图像中文字区域对应的特征向量，而且需要借助自然语言处理技术解码该特征向量为文字结果。我们在这里主要介绍文本检测任务。

　　OCR（Optical Character Recognition）传统上是指识别出输入扫描文档图像中的文字信息，而现在更多的使用场景演变成识别自然场景图片中的文字信息，也就是我们常说的场景文字识别（Scene Text Recognition，STR）。STR 的识别难度要远远大于 OCR，因为它的文字展现形式更加丰富，允许多种语言文本混合，字符可以有不同的大小、字体、颜色、亮度、对比度等，文本行可能有横向、竖向、弯曲、旋转、扭曲等式样，图像中的文字区域还可能会产生变形（透视、仿射变换）、残缺、模糊等现象。

　　图像文字检测和识别技术有着非常广泛的应用场景，已经被互联网公司落地的相关应用设计为识别名片、识别菜单、识别快递单、识别身份证、识别营业证、识别银行卡、识别车牌、识别路牌、识别商品包装袋、识别会议白板、识别广告主干词、识别试卷、识别单据等（图 4-66）。

图 4-66　文字检测和识别技术应用示例

场景 4：安防监控

　　计算机视觉是实现摄像机从看清到看懂的质的飞跃。在安防视频监控领域，计算机视觉结合行业视频业务的需求，有效提高了公安、交通、零售、司法等行业的效率，让感知型摄像机实现了高附加值的市场定位。

　　公安行业借助智能视觉分析技术可实现城市道路、广场等各类重点场所感兴趣目标如行人、车辆等的识别，并提取包括人的性别、人脸、车牌、车身等特征，这些特征通过分析可用于包括实时布控、高危人员比对、以图搜图、多点碰撞、语义搜索等应用。具有分析、感知能力的智能摄像机通过视频识别分析技术，可得出不同品牌的车型拥有量、过车高峰期、车辆进出城高峰期及行驶方向等丰富的交通数据，为城市交通流量管控、交通道路规划等提供翔实的数据支撑。

将智能视频分析技术应用于零售门店视频监控方向，可以有效分析顾客在不同商品前驻足停留时间，比对商品陈列和货架布局调整前后人流动向和购买金额变化，进而为最终的经营决策提供参考。在学校也有很多感知型摄像机被安装在各个出入口，用于管理进出校园的人员和车辆信息。

第六节　深度学习的未来

人工智能最近几年发展得如火如荼，对硬件、算法与数据的共同发展起到了一定的促进作用。不仅大型互联网公司，甚至大量创业公司及传统行业都开始涉足该行业。尽管2019—2020年资本市场不景气，AI热度下降，但从长远来看，人工智能在各个领域获得更广泛应用一定是社会发展的大趋势。虽然有一些反对的声音认为深度学习并不是人工智能的未来，因为似乎没人能说得清它的原理，只是把它当成一个黑盒子来使用，但我们仍然认为应该持乐观态度，未来人工智能应该探索其他的新方法，或被忽略的旧方法，而不可否认的是深度学习将会在人工智能发展的过程中留下浓墨重彩的一笔。

一、深度学习的技术趋势

（1）可解释性

近年来，深度学习在各个领域取得了傲人的成绩，基本上没有人没听过深度学习，但模型的可解释性却不强。很多人训练了一个性能很好的模型，却不能解释为什么好？如果场景发生变化，网络结构应该如何修改？甚至对于同一套超参数，想要复现之前的训练结果都是有难度的。这也导致了很多论战，很多质疑声音出现，其认为深度学习不可能是人工智能的未来。因此，可解释性的研究对于深度学习甚至是人工智能的进一步发展都具有重要的意义。可解释、可证明的深度学习模型将会促进人工智能得到更广泛的部署使用，这将会是未来很长一段时间的研究重点。

（2）自动化学习

当前很多深度学习模型已经部署到各种应用当中，如语音识别、图像处理及机器翻译等。但通常情况下，一个表现优秀的模型都是由工程师和科学家团队精心设计出来的，这种手动设计是非常困难的。从数据清洗、特征预处理，到算法的选择和搭建，以及参数调优等，这是一项非常烦琐的工作，需要大量的时间和经验。对于深度学习新用户来说，需要做大量的工作，当前完全掌握或熟悉这些工作的人还是非常短缺的。因此，急需一种自动化的学习方法，用户只要提供数据，该方法就可以自动决定最佳方案，这将大大减轻领域专家的工作负担，也为深度学习新用户进一步降低了入门门槛。为了让设计深度学习模型的过程变得更加简单，谷歌一直在探索自动设计模型的方法，并提出了AutoML框架，它的目标是尽可能多地自动化深度学习中的步骤，做到在只需要最少人力干预的情况下仍能保持模型的高性能。当然，现在的自动化系统还处在一个比较基础的阶段，但这是未来很长时间都值得去研究的事情。

（3）数据增广

一般而言，比较成功的神经网络都需要大量的参数，这些参数都是数以百万计，而这些参数都能得到正确学习的前提是需要大量的数据进行训练，实际情况中数据并没有我们想象的多，这时候就需要我们想办法获得更多的数据。当前，进行数据增广的方法主要是利用已有的数据进行几何操作，如平移、旋转、镜像等来创造更多的数据。这种增广方式固然是可以的，但本质上没有产生新的数据。如果可以通过模拟、插值或其他方法来合成新数据将有助于获取更多的数据，且数据多样性更好，而且我们还可以解决一系列更多的问题，特别是历史数据较少的时候。

(4) 深度强化学习

深度强化学习的学习方式就是通过不断试错，不断得到奖惩的方式与周围环境进行交互。因此，可以认为深度强化学习是所有学习技术中通用性最强的。与其他网络相比，它训练模型所需要的标记数据少，而且可以通过模拟来加以训练，目前已经在游戏领域取得了令人惊讶的成果，特别是击败人类冠军的 AlphaGo 机器人。当然，由于各种原因，深度强化学习现在的应用还比较局限，但我们相信，未来更多的商业应用将会结合深度强化学习的优势来获得更好的性能。

(5) 类脑智能算法

以深度学习为代表的人工智能方法在视觉、听觉等具体问题上可以达到媲美甚至超越人类的水平，但是与人脑的学习能力相比，深度学习在可解释性、推理能力、举一反三能力等方面仍存在明显差距。2018 年，Gartner 公司发布的新兴技术成熟度曲线中，公布了五大新兴技术趋势，其中类脑智能为重要技术趋势。类脑智能是受大脑神经运行机制和认知行为机制启发，以计算建模为手段，通过软硬件协同实现的机器智能。类脑智能作为人工智能的另一条发展路径，也是实现通用人工智能的最可能的路径，将成为各国关注的焦点。

二、深度学习的应用趋势

(1) 智能部署从中心向边缘和终端扩散

随着智能应用的逐渐普及，智能终端逐渐增多，对智能服务的实时性需求越来越迫切。而云端的深度学习任务所需的大量数据的功率和成本是巨大的，更不用说通过不断增长的带宽需求产生的大量流量。早在 2017 年就有统计数据指出，如果每个人每天使用安卓语音助手 3 分钟，那么谷歌公司必须将其拥有的数据中心数量翻一倍。而边缘的终端算法可以通过减少对基于云计算的深度学习所需的云计算服务和支持基础设施的依赖来减轻这些负担。更重要的是，将基于深度学习的任务部署在云上，即使距离很近，也需要大量的电力才能将数据发送到云端。而在边缘和终端上，基于深度学习的处理所需的功率量要小得多。当然，另外一点是基于边缘和终端的人工智能应用将会更方便地部署和携带，这将极大地拓宽人工智能的应用范围。

（2）深度学习通用平台和通用 AI 芯片将会出现

随着人工智能应用在生活中的不断深入融合，智能终端的互联互通将会成为趋势。而不同框架之间存在差异，给开发和部署带来了很多重复性工作。深度学习底层计算框架原理类似，因此，各个计算框架的整合将会是未来的一大发展趋势。随着框架的整合，GPU 和 TPU 等专用芯片将大概率会被通用芯片所代替。

（3）量子计算推动形成新一轮计算革命

人工智能和量子计算无疑是当今计算领域大变革中最有发展潜力的技术。不管是现在还是未来，人工智能都将是人类生活中最为广泛的应用之一，而计算资源和计算效率也将是其永恒的追求目标。量子计算具有强大的计算能力和效率，已经成为全球公认的下一代计算技术。因此，如果能充分利用量子计算的优势，将其用来辅助深度学习的发展将会为人工智能计算展示更好的发展前景。积极主动把握人工智能技术和产业发展机遇，借助量子计算等前沿技术加快布局，才能抓住人工智能时代发展的主动权，推动形成新一轮计算革命。

参考文献

[1] 科普中国 . 人工智能 [EB/OL].[2020-04-01]. https://baike.baidu.com/item/%E4%
BA%BA%E5%B7%A5%E6%99%BA%E8%83%BD/9180?fr=aladdin.

[2] 李亚婷 . 人工智能和人的智能，一字之别差在哪 [EB/OL].(2016-06-11)[2020-04-01].
https://www.sohu.com/a/82449067_355015.

[3] 李开复，王咏刚 . 人工智能 [M]. 北京：文化发展出版社，2017.

[4] 华章科技 . 人工智能过去 60 年沉浮史，未来 60 年将彻底改变人类 [EB/OL]. (2018-
08-14)[2020-04-01].https://cloud.tencent.com/developer/article/1184857.

[5] 求是 . 人工智能的历史、现状和未来 [EB/OL]. (2019-02-23)[2020-04-01].https://
baijiahao.baidu.com/s?id=1626225036349017037&wfr=spider&for=pc.

[6] 西安科普 . 盘点人工智能发展史上的 8 个历史性事件 [EB/OL]. (2018-09-13)[2020-
04-01].https://www.sohu.com/a/253664860_348960.

[7] TURING A M. Computing Machinery and Intelligence [J]. Mind, 1950, 59 (236)：
433-460.

[8] 蔡自兴，刘丽珏，蔡竞峰，等 . 人工智能及其应用 [M]. 5 版 . 北京：清华大学出版社，
2016.

[9] 科普中国 . 大数据 [EB/OL]. [2020-04-01]. https://baike.baidu.com/item/%E5%A
4%A7%E6%95%B0%E6%8D%AE/1356941?fr=aladdin.

[10] Kuntoria. 读懂这 3 个关键词，你就读懂了大数据 [EB/OL]. (2018-09-04)[2020-04-01].https://www.jianshu.com/p/4a3cfb526452.

[11] 科普中国．深度学习 [EB/OL]. [2020-04-01]. https://baike.baidu.com/item/%E6%B7%B1%E5%BA%A6%E5%AD%A6%E4%B9%A0/3729729.

[12] RDPAC．以药物创新应对癌症的挑战 [J]. 中国医院院长，2017(4):15.

[13] 亿欧智库 .2019 年中国智能制造研究报告 [EB/OL]. (2019-06)[2020-04-01].https://www.iyiou.com/intelligence/reportPreview?id=118011&&did=634.

[14] HINTON G E, SALAKHUTDINOV R R. Reducing the dimensionality of data with neural networks[J]. Science, 2006, 313(5786): 504-507.

[15] KRIZHEVSKYA, SUTSKEVER I, HINTON G E. Imagenet classification with deep convolutional neural networks[C]//PEREIRA F, BURGES C T C, BOTTOU K Q. Advances in neural information processing systems. NY: United States, Curran Assaiatesinc, 2012: 1097-1105.

[16] SIMONYAN K, ZISSERMAN A. Very deep convolutional networks for large-scale image recognition[J]. arXiv, 2014, 9: 31, 320.

[17] HE K, ZHANG X, REN S, et al. Deep residual learning for image recognition[C]//Proceedings of the IEEE conference on computer vision and pattern recognition. [S.l.]:[s.n.], 2016: 770-778.

[18] SZEGEDY C, LIU W, JIA Y, et al. Going deeper with convolutions[C]//Proceedings of the IEEE conference on computer vision and pattern recognition. USA: Boston, 2015: 1-9.

[19] HUANG G, LIU Z, VAN DER MAATEN L, et al. Densely connected convolutional networks[C]//Proceedings of the IEEE conference on computer vision and pattern recognition. [S.l.]:[s.n.], 2017: 4700-4708.

[20] 机器学习：模型评估与选择 [EB/OL]. (2018-01-26)[2020-04-01].https://blog.csdn.net/chongyan9429/article/details/100806773.

[21] 机器学习中正则项 L1 和 L2 的直观理解 [EB/OL]. (2019−03−02)[2020−04−01]. https://blog.csdn.net/jinping_shi/article/details/52433975.

[22] 机器学习中常见的过拟合解决方法 [EB/OL]. (2018−07−08)[2020−04−01]. https://www.cnblogs.com/jiangxinyang/p/9281107.html.

[23] AI 量化百科. 机器学习中用来防止过拟合的方法有哪些 [EB/OL]. [2020−04−01]. https://bigquant.com/community/t/topic/128626.

[24] 陶将. 如何防止过拟合 [EB/OL].(2018−09−30)[2020−04−01].https://blog.csdn.net/weixin_42111770/article/details/82703509.

[25] 刘建平.K-Means 聚类算法原理 [EB/OL]. (2016−12−12)[2020−04−01].https://www.cnblogs.com/pinard/p/6164214.html.

[26] Andy. 机器学习：浅析 Adaboost 算法 [EB/OL].(2016−11−27)[2020−04−01].https://zhuanlan.zhihu.com/p/23987221.

[27] 简书. 人工智能中的人工神经网络 [EB/OL]. (2019−05−15)[2020−04−01].https://www.jianshu.com/p/3d6ef4e1c313.

[28] 马飞飞. 深度学习：解决局部最优点问题的方案[EB/OL]. (2018−09−11)[2020−04−01].https://blog.csdn.net/maqunfi/article/details/82634529.

[29] 蒋子阳.TensorFlow 深度学习算法原理与编程实战 [M]. 北京：中国水利水电出版社，2019.

[30] LECUN Y，BOTTOU L，BENGIO Y，et al. Gradient−based learning applied to document recognition [J]. Proceedings of the IEEE, 1998, 86(11)：2278−2324.

[31] LIN M，CHEN Q，YAN S. Network in network [J]. arXiv preprint arXiv, 2013.

[32] GOODFELLOW L J,JEAN P A，MEHDI M,et al. Generative adversarial nets [C]// GHAHRAMANI M，CORTES C，LAWRENCE N D，et al. Proceedings of the 27th international conference on neural information processing systems (NIPS 2014). Canada ：MIT Press ，2014：2672−2680.

[33] 程序员大本营 . 循环神经网络 (RNN) 简介 [EB/OL]. [2020−04−01]. https://www. pianshen.com/article/2989472699/.

[34] GOODFELLOW I, POUGET−ABADIE J, MIRZA M, et al. Generative adversarial nets[C]//Advances in neural information processing systems.[S.l.]:(s. n.), 2014: 2672−2680.

[35] 生成对抗网络简介 [EB/OL].(2019−03−12) [2020−04−01].https://blog.csdn.net/ u014626748/article/details/88415675.

[36] SILVER D, HUANG A, MADDISON C J, et al. Mastering the game of Go with deep neural networks and tree search[J]. Nature, 2016, 529(7587): 484.

[37] SILVER D, HUBERT T, SCHRITTWIESER J, et al. A general reinforcement learning algorithm that masters chess, shogi, and go through self-play[J]. Science, 2018, 362(6419): 1140−1144.

[38] 腾讯织云 . 机器学习心得 (一)[EB/OL]. (2016−01−03) [2020−04−01].https:// www.csdn.net/gather_2a/MtTacg4sOTI2NC1ibG9n.html.

[39] 深度强化学习 [EB/OL]. (2019−04−18)[2020−04−01].https://blog.csdn.net/ mzl_18353516147/article/details/89370457.

[40] 浅谈深度学习的技术原理及其在计算机视觉的应用 [EB/OL]. (2018−11−16)[2020−04−01]. http://www.360doc.com/content/18/1116/08/54396214_795206860.shtml.